起の起源

～人類進化の"はじまり"物語～

高村昌宏
takamura masahiro

22世紀アート

はしがき

　タイトルにもある「起」という文字には、「おこり」や「はじまり」といった意味あいがある。人類進化の過程においても、多分、沢山の「はじまり」があったに違いない。例えば、なぜ「直立歩行したのか？」、弱い動物だった人類が初めて手にした「武器は？」、「火を使い始めた切っ掛けは？」などなど、学術的な成果もふまえ、不足部分は奇抜で大胆な想像力を働かせて、いろんな「起」の「起源」を探る考察を進めたい。なお、この本は『朱の起源』（０９年度「日本文学館」文学賞特別賞受賞作品）を一部編集して、リメイク版「人類進化と日本人のルーツをたどる壮大なＳＦファンタジー」として出版されました。

目次

第1章　試練なくして進化なし

1－1　手で割る

　木の実などの食料の不足は、当然、群れ自体の数の減少に繋る。
事実、気象の寒冷化により森林が衰退した時、真っ先にヒトザルの
群れに絶滅の危機が迫った。

　樹上で得られる木の実は少なくなったが、地上には手づかずの
落ちた木の実や、果実などの食料が転がっている。何匹かの若いヒ
トザルが果敢に地上に下りて木の実を拾い集め、口に頬張って急
いで樹上にかけ上がる。敵はいない、これがうまくいった。しかし、
一度に運べる木の実の数は知れている。欲張り、手に持って樹に登
ろうとするが、全部落としてしまう。そんなことを繰り返している
うちに、運悪くヒョウに襲われて食われてしまうヒトザルも出る。
地上にはたくさんの食料が転がっているが、死も転がっている危
険な場所だったのである。

　また犬歯の後退で、クルミのような固い木の実を割ることが出
来ず、食料としては手づかずになっていた。

　そのうち、熟したクルミが風に吹かれてパラパラと地上に落ち
る。その幾つかが、たまたま石の上に落ちて「パチッ」と割れた。
樹上で見ていたヒトザルは恐る恐る地上に下り、それを拾い集め
て急いで樹上に戻る。いつしかこの場所は、固い木の実が自然に割

れて、中身をゲットできる所として群れに知れ渡る。やがて樹上の食料が不足すると、この場所の枝の周りに群がり、木の実が落ちて割れるのを待つようになる。しかし、そう簡単には落ちないし、割れない。来る日も来る日も待ち続ける。

　そんなある日、数匹のヒトザルが実のついた枝を揺らす。木の実がバラバラと地面に落ち、幾つかが「パチッ」と割れた。群れは「キーキー」と喜びの叫びをあげる。

　これらのヒトザルを"パイオニア"精神旺盛な「枝揺らしのサル」と呼ぶことにする。このグループは、風の強い日に枝が揺れて、木の実がたくさん落ちるのを見ていたのである。この出来事以来、枝を揺らして木の実を落とすことが大流行する。中には揺らし過ぎて枝が折れ、一緒に地上に落ちて大怪我をするドジなヒトザルも出る。さすがにサルで、折れた枝は握ったまま離さなかった。あっぱれ！この「枝折れ落下のサル」も、後にパイオニア精神を発揮して大活躍する祖となる。

　しかし、この枝揺らしの技（わざ）には大きな欠点があった。たとえ１０個の木の実が落ちても、割れるのは１〜２個程度である。

　たくさんの割れない実が地面に散らばっても、そのままになっている。もったいない！・・・。そのうち例の枝揺らしのサルが地上に下りて、転がっている木の実を拾い上げ、手の先から石の上に落としたのである。「コチッ・・・、コロコロコロ・・・」。

　何度も何度も繰り返し、今度は手いっぱい伸ばして高い位置から。「コチッ・・・、コロコロ・・・」。そのうち、木の実を握った

まま石にぶつけた。「パチッ！」見事に木の実が割れた瞬間である。いつの時代も、歴史を拓くのは自然に学ぶ旺盛な好奇心なのだろう。しかし、これにもまたまた欠陥があった。叩き方が悪いので、木の実と一緒に指も叩きつけてしまい、痛みと出血を見ることになる。その後、痛い目に遭いながらも、この方法は上達し、木の実だけを割れるようになる。そして、群れのすべてのヒトザルが取得できる知恵として、伝承されていく。

1—2　石で割る

　それから３００万年という長い時間が経つ。森林は後退し、その分、草原のようなサバンナが広がっている。

　相変わらずテナガザルやチンパンジーの群れは、賑やかに森の主として君臨していたが、声をひそめて暮らしていたヒトザルの群れも、大きな飛躍を遂げる時を迎えていた。やむなく地上で過ごす時間が長くなったことで、直立二足歩行に適した骨盤と足の筋肉が発達した。また、手の骨格や筋肉も成熟して手先が器用になっていた。

　ある日、何時ものように木の実を割っていると、子供のヒトザルが真似て、木の実のかわりに小石をコツコツと石台に打ち付けてきた。大人のサルは見かねて、木の実を石台に置いてやった。子ザルはすぐ取るものと思いきや、手に石を握ったまま木の実を打っ

たのである。

　固い木の実は「パシッ」という音と共に割れた。この一瞬が、「道具」を使う切っ掛けとなる記念すべき瞬間になったのである。子ザルはいよいよ興に乗って、次から次へと木の実を割っていく。この快挙が群れに広がるのに時間はかからなかった。案外、発明や発見というものは、ちょっとした偶然が重なって起こるのかも知れない。小石はやがて大きな石に変わり、固くて大きなヤマヤシなども楽に割ることができ、食料のバリエーションも増えていった。人類分類学では、このヒトザルを「猿人」（アウストラロピテクス　復元図）と呼び、ヒトの祖先とされ、初めて「石器」を使った起源とされている。

この石で割るという文化は、森のチンパンジーの群れにも広がり、現代に至っている。いま、このヒトザルは“母なる森”から地上へと下り立たんとしている。果たして森を離れることがヒトザルに繁栄をもたらすのか。はたまた絶滅を早めるのか。

　森は静かにそれを見守り、風は涼やかに木々を揺らし、鳥たちは賑やかに囀りを続けていた。

　「森の詩」（平成２０年５月３１日大分市広報テレビ放送「緑がいっぱい！」）で次のような詩が紹介された。

　森の声を聞いてみよう　それは日本語ではない
　もちろん英語でもない　どこか遠くから　そして自分の足元にある一番身近な地球の表面から聞こえてくる　森の詩　木霊のように　響きあう鳥たちの囀り　スラロームしながら渡る風音　存在を示すかのような　木々のきしみや葉っぱたちの囁き・・・学んだ記憶はないが　その特別な言語を　身体のどこかで解読している自分がいる　森に足を踏み入れると　地球のひとかけらである自分が蘇る

　この初期の石器文化に第２の偶然が起こる。振り下ろした石がもろに石台に当たり、手に持った石が「パカッ」と割れた。割れた石は平らで、割れ口は鋭い刃のようになっていた。この瞬間が「打製石器」の起源である。

ところで、最近テレビで賢いカラスの行動が話題になった。公園の水道の蛇口を器用にひねって水を飲んだり、駅の自動券売機をいたずらしたり。鳥類のカラスも何時の頃からか、固い実を地面に落とし、割る行動していた。まさに、石器時代人並みの知恵である。

1－3　石器を使う

　地上で活動することが多くなると、当然、地上に転がる動物の死骸にも出くわす。その中には大型肉食獣が食べ残し、さらにハゲタカやハイエナ、ジャッカルなどのサバンナの掃除人が食べ尽くしたものもある。しかし猿人は、掃除人の牙では届かない骨の間の肉を、石器で器用に削ぎ落としたり、骨も砕いて食料にしたのである。
　いわゆる「腐肉漁り」である。腐肉といっても腐った肉ではない。ヒトの祖先につながる猿人が、ハイエナのように腐肉を漁っていたなど、少しプライドを傷つけられるが、それほど食べることに必死な時代だったのである。また、犬歯を失った平らな歯が、肉つき骨をしゃぶるのに役立ち、砕いた骨から得られる骨髄は腐り難い上、栄養豊富でしかも消化がよかった。
　かくして猿人は雑食性となり、弱者ながら栄養満点の食の世界を獲得した。このことは、後に脳を高い栄養価で養い、頭脳を大きくするのに役立ったのである。

ある日、ウシのような大きな死骸に遭遇する。かなり食い散らされていたが、まだ骨の間にはかなりの肉片が残されている。ふつう猿人は、地上では数匹が群れだって食料を漁る。この時も、１匹は見張りに、２匹が肉や骨の採集にあたっていた。まず、自分たちが腹一杯食べ、両手に肉つき骨を掴んで巣に帰ろうとしていた時、匂いを嗅ぎつけた２匹のハイエナが静かに近づいていた。

　その時、見張り役も夢中になって、何と腐肉漁りに加わっていたのである。気付いた時はもう遅い。２匹のハイエナに前後を挟まれていた。この当時の猿人の体長は１００ｃｍ程度で、一方のハイエナの体長は１２０〜１８０ｃｍ、体重５５〜８５ｋｇもあった。しかも相手は腐肉漁りだけでなく、俊敏な狩りのプロでもある。犬歯を失った猿人には武器はなく、逃げるといってもここは地上であり、スピードにおいても敵わない。絶体絶命！

　３匹の猿人は後退りし、思わず手に持っていた骨を反射的に頭上に振り上げていた。一瞬、間をおいてハイエナが跳びかかる。振り下ろした骨がたまたまハイエナの鼻を一撃した。「ギャウー」という叫び声をあげて、ハイエナは飛び退いた。「武器」を手に入れた歴史的な瞬間である。猿人は何が起こったのか、暫くは分からずに、骨を投げ出して一目散に樹上に逃げ登る。しかし、確かにハイエナが退散したことは分かった。

1－4　武器を持つ

　地上に放置されていた骨を巣に持ち返って見ると、どれも大きく固かった。彼らが持っている石器でも割ることが出来ないので、とりあえず保存しておくことにする。

　長さが３０ｃｍほどの大腿骨の部分で、両端にコブのような膨らみがある。やがて固くて持ちやすいこの骨で、木の実を割る道具としても使われだす。そして、この棒状の骨を振り回すことで、怖い猛獣をも追い払うことが出来ることを知るのである。

　スタンリー・キューブリック監督の「２００１年宇宙の旅」という映画がある。そのプロローグは　―遠い昔、猿人が他の獣と変わらない生活を送っていた頃、謎の物体が猿人達の前に出現する。やがて１匹の猿人が物体の影響を受け、動物の骨を道具・武器として使うことを覚えた。獣を倒し多くの食物を獲得できる様になった猿人は、反目する別の猿人の群れに対しても武器を使用して殺害し、水場争いに勝利する。猿人の眼前に屹立<ruby>屹立<rt>きつりつ</rt></ruby>するモノリス（謎の石板）、それに触れた猿人が骨を武器として用い、他の猿人を打ち殺し、空高く放り投げられた骨は、一瞬にして宇宙船へと変わる、といった衝撃的なシーンで始まる。―

　映画に登場するモノリスとは、何か神秘的な力を持つように思われる。案外、ヒトザルを襲った「犬歯の縮小」といった様な、試練や苦難の象徴なのかも知れない。

苦難と必死に戦い、生き延びようともがき苦しんだ故に、本来、身体的な能力を持ち合わせていた猿人が、環境に順応し、進化してきた。まさに苦難は「進化の母」と言えそうである。

　その後、両端に膨らみのある棒状の骨は、形が似た木の「棍棒」（想像図）に取って代わられる。かくて無防備な猿人は、画期的な武器を持つことになる。この猿人の群れには危険にも果敢に挑戦し、苦難を克服していくという「パイオニアの血」が脈々と流れていた。ちなみに、この群れの祖先にはあの「枝揺らしのサル」がいたのである。

第２章　樹上から地上へ

　地上で二足歩行が広がったものの、いざという時は、まだ樹上に逃げ帰るという「半樹半地」の生活が続いていた。しかし、確実に異変も進んでいたのである。今度は「犬歯の後退」という不利な異変だけではなく、環境の変化による飛躍の進化も含まれていた。

２－１　足で立つ

　まず、足腰の変化である。前かがみの姿勢から、背骨が真っ直ぐ伸びて直立姿勢になる。足の指は短く、特に親指は太く、他の指と同じ方向に向いて、歩く、走るために都合のよい形になる。ということは、親指の物を掴む機能は失われ、木登りが不得意になったということである。また、足裏には「土踏まず」も出来て、上半身の体重を安定的に支えることが出来た。骨盤は上下に短くなり、その分、横に広がる。横から見ると背骨はＳ字状で、幅広くなった。骨盤から脚が下内向きに伸び、上体をほとんど移動させなくても、いつも足に重心を乗せた直立歩行が可能になった。しかし一方で、不都合なことも起きる。体重がモロに足や腰にかかるため、脇痛や腰痛などが起こったのである。

　現在、日本だけでも１０００万人の腰痛に悩む人がいるが、実に３００万年前のこの時に始まる。また内臓がずり落ちないよう、骨

盤下の開口が小さくなり、メスの産道も狭くなり、出産が命がけの大仕事となる。この変化も「樹上から地上へ」の移行を加速させることになった。

2－2　子を産む

　馬などの4足の動物は、メスが子を産み落とすと、産み落とされた子は、すぐ動くことが出来る。それはお腹の中で十分成長してから生まれてくるためで、外敵に対して備えるためである。よく見るニホンザルなども赤ん坊を産んだその日から、赤ん坊をお腹にぶら下げて、樹上を自由に移動して歩く。赤ん坊を育てるために特に巣を作ることもない。一方、猿人の出産は、進化により頭が大きくなったため、出産がより困難になった。しかし、大きくなったと言っても赤ん坊の脳は400gくらいで、ゴリラやチンパンジーの脳の大きさと変わらない。

　難産になったのは、頭部と骨盤の形・大きさの不一致が直接の原因で、さらに、直立二足歩行のため、産道と子宮とが曲がっていることにもよる。初期の猿人の出産は、分娩の困難により、赤ん坊と共に多くのメスも死んだ。それが遺伝的に淘汰され、未熟児で出産する方法に進化していったのである。胎児のような未熟児で生まれるということは、樹上での養育が難しくなるということである。勢い、平らな地面に下りることになる。しかし、地上にはたくさん

の危険があり、子とメスを守らなければならない。二足歩行に始まった身体の異変により、オスによって守られる地上生活への移行が進んでいく。

　これが、メスが子を産み育て、オスが外で働いて食料などの生活の糧を獲得し、家族を守るという“しくみ”が出来た起源である。この営みは今も変わらない。

２－３　声をだす喉へ

　直立歩行を開始して１００万年余りの間に、常に下向きの重力を受けて喉頭がずり下がり、それに対応して脳、神経、筋肉が徐々に進化していった。

　喉構造について人間の赤ちゃんは、生後数カ月まではチンパンジー並みだが、それ以後、進化の跡を辿って大人の喉に近づき、口から息を出して発音できる様になる。

　言葉を話すことが出来る喉の構造は、身体を真っ直ぐに立てることによって初めて可能になったのである。

　この頃の猿人の脳の重さは、およそ８００ｇで、現代人には及ばないものの初期の猿人の２倍に増えている。

　これまでのコミュニケーションとしては身振りが中心で、声としては「うなり声」「吠える」「金切り声」などであった。動物園などで見られる光景であるが、ほかにゴリラには「ドラミング」とい

う胸を手で太鼓のように叩く動作もある。喉構造の変化により共鳴空間が広がり、大きな声が出やすくなっていく。しかし、またも幾つかの不具合も起こった。それは誤嚥<ruby>誤嚥<rt>ごえん</rt></ruby>である。飲食物と呼吸が同じ所を通るようになり、食べ物で窒息死したり、誤嚥性肺炎になってしまうのである。誤嚥は痴呆や飲み込む力が弱まって、飲食物と呼吸の経路切り替えがうまくいかず起こる。前兆としては「せき込む、むせる、痰が出る」の３つの症状がみられ、さらに悪化すると誤嚥性肺炎へと進むのである。また食後、「ガラガラ声になったり、声がかすれる、食事をすると疲れる、原因不明の体重減少」などの症状も起こるという。ますます高齢化が進むにあたり、頭に留めて置きたいものである。

２－４　体毛が薄くなる

　長距離を歩いたり走ったりする哺乳類の大部分は、口や鼻から多量の水分を蒸発させて体温を下げる。犬が「ハーハー」するのがそれで、一方、人は汗をかくことによって体温を下げている。人以外のサルたちは、汗もかかないし、口や鼻から多量の水分を蒸発させることもない。長距離を移動することがないからである。人とサルとの間にある猿人は、いつから汗をかくようになったのだろうか。これも二本足で直立し、サバンナを長時間歩くようになってからである。特に、熱帯での昼間の行動においては、能率よく体温を

下げことが絶対に必要だった。従って、進化の進展と共に、発汗の邪魔になる体毛が減少していったのである。しかし、密生した体毛がないと、皮膚が日光に直接さらされ、紫外線のために皮膚ガンになりやすい。そのため、皮膚にメラニン色素を多量に蓄えて紫外線を防いだ。これにより、皮膚は黒い色の肌になっていった。北ヨーロッパのように日光の弱いところでは、逆に肌は白くなっていく。よく知られているアフリカの草原に住むマサイ族は、背の高い痩せた人々が多く、これは体表の面積を多くして、効率よく身体の熱の発散を高めるためである。しかし、現代人が体毛を失っても（個人差はあるが）、頭髪、腋毛（わきげ）、陰毛などが残っているのは何故だろう。

　あるインターネットのブログに、腋毛は発汗による臭いの発生を防ぐためや、腋の皮膚どうしが密着しやすく、ムレるのを抑えるためにあると思われる。人間のすべての器官は、「攻撃の役に立つ」「防御の役に立つ」「セックスアピールの役に立つ」「役には立たないが、あっても困るものでもない」のいずれかの役割を持っている。腋毛が無くなってしまった場合、臭いの面でセックスアピールに不利になることが考えられ、そうなるとその人は「異性にもてない」→「子孫は残せない」という図式が成り立つ（極論だが）。よって、腋毛が無くなる方向で進化するのは、今のところ考え難い。頭髪は日光から頭を守り、また衝撃を受けた場合、その衝撃を緩和するためだと思われる。南方の方が縮れ毛になっているのは、頭髪の中に空気の層をつくり、強い日差しから頭（脳）を守る効果を高めるた

めである。陰毛は性器に対する打撃ダメージを軽減するためや、ム
レを防いだりするためでは。また穿（うが）ったところでは、フェロモンが
発せられていて、その発散効果を高めるためかも・・・。
　その他に、眉毛（まゆげ）は汗などが目の方に直接流れていかないように、
睫毛（まつげ）は汗、虫、埃（ほこり）などが目に入るのを防ぐためであると考えられ
る。元々は全身が体毛で覆われていたのでしょうが、知的生物にな
っていくに従い、危険性が少なくなり衣類等で代用し、機能面で必
要だった（主な）体毛だけが残ったものと思われる。これから先、
どのように退化（進化？）していくのだろうか。

　文明が高度になり頭がよくなるほど、体毛が薄くなっていくと
いうことなのだろうか。頭髪を含め、薄毛の人には何か慰めになる
ような気もするが。そういえば、テレビ番組で見たが、宇宙人は頭
と目の大きい無毛のズングリ型だったように思う。

２－５　洞窟へ

　足の構造や出産の異変により、ますます樹上での生活は厳しく
なり、地上に新たな住処（すみか）を造ることが焦眉（しょうび）の急となった。はじめ、
森の背後に迫る岩山の岩陰に巣をつくるが、外敵から身を守る住
処として不十分であった。
　そのうち、若い猿人から岩山の奥に大きな穴（洞窟）があること

が知らされる。勿論、まだ言葉がないので身振り手振りの必死のパフォーマンスである。数頭の主だった猿人を連れてそこへ案内する。通常、洞窟にはコウモリなどの一部の動物を除いて、普通の動物は住めない。

　暗くじめじめしていて、しかも崩壊の危険すらある過酷な場所だからである。猿人には、動物が近づかないそんな住処しかもう残っていなかった。しかし一方で、それは外敵に襲われ難いということを意味していた。

　結局、選択の余地はなく、森に住んでいた猿人の群れは、転がり込むように幾つかの洞窟へ移動し、住み始めることになる。もう樹上には戻らないという背水の陣である。犬歯に代わる棍棒という武器を手にし、住み心地は悪いものの、雨風をしのげる堅牢な住処を手に入れた。

　これを「洞窟集落」と呼ぶことにする。

２００万年前、猿人は大地にしっかり足を踏まえ、「原人」（北京原人の復元図)としてその第一歩を踏み出したのである。

　１９６９年７月２０日、アポロ１１号は人類として初めて月面に降り立った。その時、アームストロング船長は地球へ有名なメッセージを送っている。「これは一人の人間にとっては小さな一歩だが、人類にとっては偉大な飛躍である」と。先史時代においてはこの瞬間こそ、猿人が原人としてスタートした、人類にとって偉大な飛躍の日となったのである。これらのグループを「フロンティア精神」旺盛な原人と呼ぶ。

第3章　ヒトとしてのスタート

　目に見えない破滅的とも思える身体の進化に導かれ、その都度、何とか克服しながら遂に地上に降り立った。

　まさに「試練なくして進化なし」である。最強と思われた恐竜などが環境に順応できず、次から次へと絶滅していった中、弱小の類人猿の血を引く原人が、ここまで生き永らえてきたことは、むしろ不思議である。しかしこの先も、まだまだ苦難の道が続くのである。

3－1　集団の力で

　洞窟に住みつくようになって、外敵の攻撃も頻繁になる。今までの樹上という天空の城から、城壁も堀も失った地続きの地上である。棍棒という武器を獲得したものの、猛獣の前ではまだ非力である。オトコが食料探しに出ている間に、洞窟に残っていたオンナや子供が、たびたび犠牲になった。これ以降、食料探しの人手は割かれるものの、オトコが各洞窟に残り、入口を枝などで覆い守りを固めた。普通、類人猿のチンパンジーには家族がなく、数十頭の集団でその都度メスと交尾して暮らしている。一方、ゴリラは１０頭ほどで家族を形成し、メスを独占したリーダーのオスを中心に暮らしている。

　猿人時代はチンパンジーとゴリラの中間型で、数家族が群れを

つくって生活していた。地上に降りた原人時代になると、夫婦を中心とする家族が集団をつくって暮らすようになっていた。役割分担をつくり、集団の力で外敵からの脅威に対抗したのである。いわゆる明確な「社会性ある生活」の 曙 である。仲間どうしの協力が必要な時代に、もし自分勝手な行動をする奴がいると、それはまさに集団を危機に陥れる。そんな奴はたちまち抹殺されてしまう。現代の「自分さえ良ければいい。他人のことはどうでもいい。」という自己中は、文化人類学上から言うと、少し大袈裟になるが、人類の未来を危うくさせる人類の敵かもしれない。思い当たる節が・・・。

　一方、地上を歩き回ることによって、樹上では手に入れらなかった球根や芋、食用になるキノコなど、また倒木にいる甲虫の幼虫などのタンパク源も食料としていった。しかし、大家族を養うにはまだまだ食料不足が深刻だった。唯一の武器である棍棒が、狩りにはほとんど役に立たなかったからである。本来、棍棒は専守防衛的な武器で、動物を狩るという道具としては無力。逃げる獲物に棍棒を投げつけても、スピードが違い何の効果もなかった。

　１９５９年、東アフリカの化石発掘者・リーキーは、オルドバイ渓谷で、２００万年前の人類の遺骨を発見した。それは子供の頭骨や顎、左足、手それに大人の指などだった。これらの骨にはサーベルタイガーの歯形を残すものがあり、この猛獣に襲われ、大人も子供も殺され食われたものだった（巨大動物図鑑・想像図）。

　少しショッキングな絵であるが、この時代、猿人といえども、単

なる猛獣の格好の獲物という弱い存在だったのである。

３－２　牙からでた武器

　洞窟の中に集めてきた動物の骨を並べていた時のことである。
その中に、牙のついたヒョウの顎の骨があった。原人は、たくさん
の仲間を襲ったその牙をジーッと見つめた。そのうち、何を思った
のか石器でその牙を叩き始めたのである。「ポロッ」と牙が取れる。
それを自分の口に当てて、「グオー」と吠える。ヒョウになった積
りか、はたまた、逞しい牙（犬歯）を持っていたヒトザルの野生の
血が蘇ったのか。牙が抜けた顎の骨には「くぼみ」が出来ていた。
突然、ひらめく。その原人は棍棒の先端に石器でくぼみをつくり、

その牙を捩り込んだ。ヒョウの牙のある顎の骨を真似たのである。この頃には、あるがままに真似する能力と、手の指の器用さは獲得していた。これが"手斧"の誕生した瞬間である。

　この原人は、紛れもなくあの「パイオニアの血」を引く子孫だったのである。しばらくしてこの牙は尖った石器（刃)に代わる。これが強力な武器になり、飛び道具にもなった。インディアンの「手投げ斧」のようなものである。疾走する獲物に投げつけると、時々仕留めることが出来た。これによりヒョウなどの猛獣にも集団で立ち向かえば、打ち殺すことが出来るようになり、攻撃的な武器を手に入れたことになる。この時代の原人は、身長が平均１５０ｃｍ、脳の重さは９００ｇ前後になっている。オトコたちは、せっせとこの手斧づくりに精を出した。工作で一番難しいのは、くぼみに尖った刃を取り付ける作業だった。くぼみに当てた刃を石斧で叩き過ぎると、棍棒はくぼみから裂けて割れた。こんな不良品が何本も巣の中に転がり溜まっていった。そのうち、子供たちがこの棒で動物の骨を叩いて音を出したり、輪っ化状の骨を通したりして遊びだした。これが道具を使った"遊び"の起源となる。ある日、一人の子供が骨の中から干からびたヘビの皮を取り出し、不良品の棒に巻きつけ始めた。ヘビが枝に巻きついているのをイメージしてのことである。そばにいた原人はその棒を子供から取り上げて叱りつけ、外そうと振り回す。しかし外れない。

　原人は頭にきた。来る日も来る日も手斧づくりに失敗し、イライラしていた原人は、さらに強く振る。しなやかなヘビの皮はそれで

も外れず、裂けた棒の先までずれていた。2回目の閃きがきた。恐る恐る皮をほどき、裂け目に刃を挟んでまた皮を巻きつけてみる。刃はしっかりと棍棒の裂け目に固定されていた。これが革新的な"紐で結わく"という文化が生まれた瞬間である。先端が割れて使えなくなった棍棒、しかし割れたことで何でも挟み、紐で結わくことで取り付けることが可能になった。まさに「失敗は成功の元」である。

　実は近代の発明の世界には、これと似たことがたびたび起きている。フジテレビ「ザ・ベストハウス１２３」の中で、「セレンディピティ物語」という番組があった。

　この番組で「自然科学においてセレンディピティは、失敗しても、そこから見落としせずに学び取ることが出来れば、成功に結びつく」と強調されていた。セレンディピティとは、「偶察力」とも訳され、とにかく目標をもって突き進むことが重要で、突き進むとたくさんの失敗に出会う。しかし実は、その失敗の中に「セレンディピティ」がある。失敗をたくさん蓄積すると、より「セレンディピティ」と出会いやすくなる。そこで失敗の中から発見する「気づき」が大切になるということである。

　番組では、科学的な大発見の例として、ポストイット（剥がれる付箋）の発明、フレミングが培養実験中に偶然発見した「抗生物質ペニシリン」、ダイナマイトの発明、「マジックテープ」の発明、電子レンジの発明、車のガラスに代表される安全ガラスの発明、日本人では小柴昌俊さんによるニュートリノの観測（ノーベル賞受

賞)などが紹介されていた。このうち、ポストイットの発明は、まさに失敗から生み出された発明で、１９６８年、アメリカの化学メーカー３Ｍ社の研究員、スペンサー・シルバーが主人公である。彼は強力な接着剤を開発中に、たまたま非常に弱い接着剤をつくり出してしまった。この弱い接着剤は当初、その用途が見つからなかったが、同僚のアーサー・フライが本の栞に応用できないかと思いついた。このエピソードは、偶然から大発明を生む「セレンディピティ」の典型例として知られている。

　私自身も車で趣味の全国旅行をしているが、車を「道の駅」に留めて車内泊していた。助手席のシートを外し、そこに簡単なベットを置いて寝るのであるが、当初、外からジロジロ見られて困った。カーテンをつけるにも、レールがない。そこで発明したのが、車の窓枠にはめ込む"網戸付き塩ビカーテン"である。ホームセンターで買える乳白色の塩ビ板をカットして、虫除け網戸や覗き穴をつけたものである。実用新案の申請もして、この６年間重宝して使っている。

３−３　火が灯る

　この当時、よく森林火災が起きた。主に落雷により樹木に火がついて広がるものである。火山地帯では噴火でも起こるが、この森の近くには火山はない。普通の動物は、ただ危険なもの、恐怖の対象

物としか映っていないが、原人にとっては少し違っていた。何か羨望の的でもあるかのように、うっとりと眺めていた。こんなある日、狩りに出た連中が森林火災の現場に遭遇する。火はすでに下火になっていて、燻っている状態。それを横目に通り過ぎようとした時、不思議な匂いがしてきた。

　嗅いだことのない、しかし得もいえぬ香りである。恐る恐る、枝で匂いのする辺りを突いてみる。黒焦げになった物体が突き刺さってきた。鼻に近づけて嗅いでみる。

　狩りの途中で腹の空いていたその原人は思わず端っこをかじってみた。うまい　！　人類が初めて"焼き肉"を口にした瞬間である。この時の肉は鳥で、正確には"焼き鳥"が、焼き肉の歴史において最初の食材となる。

　それ以来、森林火災や山火事があると、群れごとこぞって出かけるようになる。火事が収まると、一斉にまだくすぶる焼け場に入り、焼き肉を漁った。シカやイノシシなど逃げ遅れた動物の焼き肉が豊富にある。しかも「焼き栗」や「焼きキノコ」などの、今までとは一味違う味覚もあった。これが大評判となり、今まで恐れ戦いていた火は、原人にとって旨い食べ物を与えてくれる天賦のものとなった。そのうち、生の食料は火を通すことで、より柔らかく、一層美味しくなることを自然に学ぶ。

　火事を待たなくても、「火で焼けばいいのだ」と気づくのに時間はかからなかった。「火を持ち帰りたい」が、次の彼らの共通の思いになる。やがてその日がやって来た。狩りから帰った連中から、

かなり大きな山火事が起きていることが知らされる。人数を増やして現場に向かう。下火にはなっているが、まだ森林はくすぶり燃えている。出来るだけ持ちやすい火のついた枝を、思い思い持って洞窟集落に戻る。しかし、ほとんど途中で燃え尽きるか、消えてしまって大失敗。わずかに残った枝の火も、集落に着いて間もなく消えてしまう。次の日も次ぎの日も果敢にアタック。そのうち枝をまとめて松明状にすることで、消えずに持ち帰れるようになる。留守組は彼らの集落の前にある空き地に、たくさんの枝を地面に突き刺して、ミニ森林をつくっていた。やがてその森林に火を点ける時がくる。全洞窟から出てきた原人たちは、その周りをぐるりと取り囲む。手に手に狩ってきた獲物をぶら下げながら。子供たちは木の実や芋を握っている。

　持ち帰った松明からミニ森林に火が移された。"パチパチ・・・ゴーッ"と、火は勢いよく燃え上る。原人たちは奇声を上げ、獲物を一斉に投げ入れた。しかし、火はたちまち消えてしまう。獲物のほとんどが半焼けである。それは枝が立木の状態で、周りにたっぷりある空間（空気）のせいで、よく燃え過ぎたのである。しかし、燃え跡には燻る枝や灰が残り、山火事の現場と同じ様子が出来ていた。そして新しい枝を入れると、又燃え上ることを知る。風で飛ばされないよう、周りを石で囲み、ここに共同の"火床"が完成する。この後、雨で消えないように屋根をつけたり、灰床を厚くするため地面を掘り下げたり、数々の改良を加えて、より安定した"火種"を獲得した。また同時に、"松明"という"火を運ぶ道具"も

発明したのである。そんなある日、原人が住む一帯を嵐が襲う。火床の屋根は吹き飛ばされ、火種は文字通り風前のともし火。一人が松明に火を移し、急いで自分の洞窟に駆け込む、と同時に、一斉に「右に倣え」で彼らの巣に持ち込まれたのである。急場の決断とは言え、これが住処に「火が灯った」瞬間である。嵐が去って西の空が明るさを増した頃、彼らの暗かった洞窟には燦々とした明るい火が燃えていた。今から１５０万年前のことである。

３−４　言葉のはじまり

　原人として大地にしっかり二本足で立って以来、考えられない程の、多くの文化的な遺産がつくられ増えていった。食べ物一つとっても、数種の木の実や芽に加えて、果実、キノコ、イモ類、動物の肉（おまけに焼き肉も）など、雑食性なるがゆえに数十種類に及んでいた。群れの数も、樹上の一家族や高々十数頭の仲間から、今は地上で、社会的な生活を営む百を超える群れに増えていた。

　特に狩りの時などは、うまくコミュニケーションを取らないと危機に陥る。どうしても何らかの伝達方法が必要になっていた。そこで彼らが食べている食料、使っている道具などを広場に置き、必要になるとそこに連れて行き、指差しながら、あとは手振り、身振りで意思を伝えたのである。群れの人数については、一家の長たるオトコが、頭にダチョウから取った羽飾りをして目印とし、同じ人

数分の羽飾りを木に刺して台帳代わりにした。狩りなどで死ぬと、死んだオトコの羽飾りが木から外された。このようにヒトの羽飾りを含め、物をいつも目に触れる所に展示したことが、この後、"言葉の発生"に大いに役立つことになる。オトコたちが狩りに行った後、残されたオンナや子供たちが広場に集まり、ひもすがら何かと時間をつぶしている。子供たちは食べ物の陳列場で、1つ1つ指差しては思い思いの声を出す。例えば、ブタの前では「ブーブー」、トリの前では「ピーピー」、サルの前では「キーキー」といった具合である。子供のストレートな感性がそのまま名前となり、オンナも真似をし、オトコに伝わり、やがて集落全体に広がっていったのである。あくまで初めの名前は擬音語である。それにしても"文化"と言われるものは、ある程度の余裕や時間がないと生まれないものなのだろう。毎日、食うために必死に狩りをしているオトコたちからではなく、暇のある、しかも子供からもたらされたのは面白いところである。それともう1つ重要なことは、すでに芽生え始めていたリーダーの存在である。このリーダーが集落をまとめ、言葉も定着させていった。すでに多様な声を出す喉と能力を獲得していた原人は、生活の広がりと共にたくさんの言葉を生み出していくのである。しかし、その多くはまだ物の名前（名詞)が主で、コミュニケーションの大半はまだ身振りや手振りが重要な位置を占めていた

「人は見た目が9割」（竹内一郎著・新潮新書）という本の中に次のような記述がある。

話し方や身振りなどは、「言葉以外の伝達」（ノンバーバル・コミュニケーション）と呼ばれていて、その重要性はアメリカの心理学者の行った実験で証明されているとある。その実験は、相手が自分を好きか嫌いかで判断する場合、人間は何を判断材料としているのか、比重を調べたもので、

　「話す言葉の内容」＝７％

　「声の質や大きさ、抑揚、テンポ」＝８％

　「表情やまなざし」＝５５％

　となった。言葉以外の９３％が響きや動作、表情だったという結果を得た。人類に言葉がなかった時代でも声はあったわけで、食べ物を発見した時などに、仲間に伝えようとしたのは、「ア〜」とか「ウ〜」とかいう声の響きと、身振り手振り、そして表情や眼差しということだったのだろう。現代社会は言葉が進歩し過ぎて、その結果、言葉に頼り過ぎ、大切な“こころ”が退化しているように思える。

３−５　強力な武器

　革新的な“紐で結わく”という文化を獲得したことにより、道具としても武器としても、この文化から生まれた手斧は急速に進歩する。棍棒は細身の柄になり、先端には鋭い刃になった石器が取り付けられている。狩りの時、この手斧を獲物に投げつけるのである

が、命中率は決して高くない。特に動いている獲物にはあまり効果がなかった。それは投擲にはある程度のスキルが必要だったからである。手斧は回転して飛ぶが、刃の部分が常に獲物を捉えるとは限らない。柄と刃はＬ字の位置関係にあり、柄が当たっても何もならないのである。もっと命中率を上げる方法はないものか。柄の先端の割れ目に刃を挟んで、いろいろ角度を変えてみる。刃が一番前にあれば。第3の閃き！　強力な武器"槍"が誕生した瞬間である。柄と刃はＩの字になっていた。間もなく、柄は投げ易くするため細身の長い棒になり、先端の石器は尖った細い石器が、皮紐でしっかり結わかれていた。この槍の登場により、狩りの獲物は急激に増加する。集落は連日の大猟に沸き立つ。武器としては、サーベルタイガーの牙をも凌ぎ、ついに当時最強の動物、マンモスにも挑むことになる。人類の祖先は武力において文字通り"万物の霊長類"になったのである。

　しかし実際のところ、マンモス狩り（想像図）は収穫も大きいが犠牲も多く、それよりも安全で効果の上がる野牛などの大型草食動物の狩りに向けられていく。その理由は、槍は強力な武器ではあったが、石の鏃では固いマンモスの皮膚を中々射抜けなかったことによる。

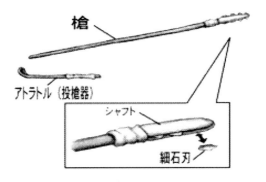

槍

アトラトル（投槍器）

シャフト

細石刃

　時代が下ると、「アトラトル（槍投器）」という道具が発明され[*10]る。長さ１ｍほどの軸の後ろの端にフックがあり、このフックに槍の根元を引っ掛ける。その状態で軸の真ん中を握ると、腕の長さに軸の長さが加わり、「てこの原理」を利用して、槍をより大きな力

で、より遠くまで投げることが出来る。その威力は、手で投げるよりも１０倍の破壊力があるという。さらに先端には薄い石刃（細石刃）が取り付けられていた。何万年もの間、人類の祖先は猛獣たちの脅威から逃れるため、暗くじめじめした洞窟生活を余儀なくされてきた。しかし今、強力な武器、槍を持つことにより、その生活を一変させることになる。すでに獲得していた“火のコントロール”と合わせて、他に怖いものなしの存在に・・・、新しい時代の幕開けである。

第4章　ヒトから人へ

　暗かった洞窟も火の登場で明るくなり、それぞれの洞窟には、火床として"炉"がつくられるようになっていた。肉などを焼くグリルや、暖房装置まで手に入れたことになる。けっこう快適な住いである。しかし一方で、深刻な問題も起こっていた。狩猟や採集による安定した食料の調達が、人口の増加を加速させていたのである。

　そのため洞窟を広げたり、新たに洞窟のような小さな横穴を掘ってみるが、とても追いつかない。そんな横穴は時々崩れて生き埋めになる始末。もう洞窟に住める人数は、とっくに限界を迎えていたのである。

４－１　外に住む

　洞窟集落の広場に原人たちが集まっている。とりあえず、オーバーしている人数が洞窟から出て外で暮らすことになる。果たしてどの家族にするか。原人たちは互いに顔を見合わせてはブツブツ呟く。誰もその深刻さは分かっているのである。そのうち一人が手を挙げる。その原人は、遠い遠い先祖、あの２００万年前、フロンティアとして、初めて大地にその第１歩を踏み出した原人の血を引く子孫だった。あっぱれ！結局、４家族、２４人が外に出ることになる。それは決して追い出されるというものではなく、みんな

の代表として、新たな新天地を開拓するというものだった。この群れを「フロンティアグループ」と呼ぶことにする。

候補地が探され、ヒトザルの時代に住んでいた水辺の近くが選ばれる。そこだと、狩りの途中にも仲間が立ち寄れるし、いざという時には駆けつけることが出来る。

いよいよ旅立ちの時である。少し大袈裟だが、彼らにとっては、まさに未知の世界への旅立ちである。４家族のオトコたちは槍や手斧で完全武装し、手には松明をかざしている。オンナたちは出来る限りの食料を持ち、子供たちは予備の松明を抱えている。途中まで仲間たちが帯同するが、やがて洞窟に帰って行った。日が暮れる前に森の切れる所、今は川の流れる広い平地にたどり着く。

暗くならないうちに落ち着くところを探す。川に近い数本の太い木の周りに集まり、武装したオトコたちが木を中心に円陣を組み、その中にオンナや子供を入れる。

そして２か所には赤々と焚き火がたかれる。夜空には星々が煌々と輝いていた。

次の日、さっそく洞窟に代わる住いを造ることになる。

どうするか、一刻も猶予は出来ない。いつなんどき、恐ろしい猛獣の群れが襲ってくるかも知れない。今は無勢であり劣勢である。どんな住いを造るか誰も知らない。

もちろん教えてもくれない。この群れには幸い「パイオニアの血」を引く原人がいて、苦難に遭遇するほど知恵を出し克服していくのである。その原人は何を思ったのか木に登り始めた。木登りはま

だ健在である。木の上の方にある細目の数本の枝を手斧で切り落とし、木から下りるとその枝払いを始める。全部は落とさず、ちょうど扇型になるように払ったのである。それを頭上にかざした。それが合図かのように、オトコたちは一斉に木に登り、同じものをつくり出す。やがて数十本の枝が出来上がる頃、当の原人はさらに長い枝を何本も集め、今度は枝を全部払って棒を作っていた。やがて住いらしきものが出来上がる。それは1本の樹木が中心になるように、その周りに何本もの長い棒が放射状に立てかけられ、その間を葉のついた扇型の枝で覆うというものである。

　ちょうど円錐形のテントのようなもので、入口も作り、枝と枝は皮紐で結び補強された。急場造りにしては見事な出来栄えである。どうしてこんな形を思いついたのだろうか。それは樹上生活をしていた時の、イメージそのものだった。樹木の形が、太い幹を中心に、周りに葉をつけた枝が広が、そして雨風を防いでくれる。そんな樹木を逆さまにしたイメージだったのである。脳の発達が、住いの空間としてのイメージアップを可能にした。これがその後の定番となる"竪穴式住居"の原型となるものである。次の日から、共同作業によって4棟の同じような住いが出来上がる。4棟のツリーハウスの完成である。ここを"ツリーハウス集落"と呼ぶことにする。最初に造った大き目のツリーハウスは集会場になった。

4－2 土器をつくる

　前を流れる川はサケも遡上してくる豊かな川で、たくさんの動物も水飲みにやって来る。居ながらにしてたやすく獲物を捕ることが出来た。そのうちヒョウなどの憎っくき猛獣を選んで狩るようになる。それは食料に対する不安が薄れ、弱い草食動物に対する同情といより、あくまでも猛獣憎しの敵愾心からであった。

　狩りであまり遠出する必要もなくなり、その分、川での漁が多くなる。魚介類は豊富で、特に貝類は新しい食料として、子供でも容易に採取できた。一日中、泥だらけになってシジミなどを採ってくる。この時代のシジミは大きく、子供の 掌 大もあった。これを火のそばに置いて焼いた。貝の蓋が開いて、「ジュル、ジュル」と煮えて美味しそうな香りが広がる。一家は、多分まだ誰も味わったことのない珍味を堪能するのである。

　次の日も、子供たちは喜び勇んで泥だらけの身体のまま、自分たちのツリーハウスに貝を持ち帰る。身体に着いた泥は、そのうち乾燥してボロボロと落ちた。気づいたオンナたちは、子供をツリーハウスの外へ連れ出し、その乾いた泥を「パンパン」と叩き落としてから中に入れた。これが日課となったのである。川の水で洗えばよいと思うが、まだその習慣はない。そのうち入り口には、乾いた泥の堆積が出来てしまう。ある雨の日である。

　外で「キャツ、キャツ」という子供たちのはしゃぐ声がする。子供たちは、水を含んで粘土状になった泥で、粘土細工をしていたの

である。怒ったオンナたちは、子供をツリーハウスに引きずり込む。次の日は快晴で洗濯日和。しかし、まだ洗濯の習慣はない。第一、ほとんど何も身に着けていないのだから。しかし、オンナたちは入り口に異様なものが転がっているのを発見する。木の実のような丸いもの、平べったい貝のようなもの、中には身を食べた貝殻の形をしたものまである。オンナはそれを取り上げ、じっと見ていた。石のように固く、形は昨日食べたシジミの貝殻そっくりだった。オンナに訪れた初めての"ひらめき"である。さすがに、毎日食事の支度をしているオンナならではであり、同時に又々子供たちのお手柄である。柔らかい粘土はいか様にも造形できて、しかも乾くと石のように固くなる。人類が初めて"土器"を作った瞬間である。まず最初に作った土器は、シジミのような皿状のものだった。何時ものように貝を火のそばに並べ、土器の皿に水と獲りたての肉を入れ、火の上に置いた。皿が火を圧迫して、そのうち火が弱くなってしまう。慌てて皿を持ち上げる。グォー(熱い！)、皿をひっくり返して火を消してしまう。フゥー（やれやれ）・・・。やけどした指を舐めつつ、火のそばに置いている貝の焼け具合も気になる。貝の中に大き目のタニシもあった。タニシはサザエのような巻貝で、先が尖っており火床に突き立てて焼いていた。煮汁が口から「ジュル、ジュル」と溢れている。オンナはニンマリした。

　これをヒントに作られたのが人類初の本格的な土器"尖底土器"である。この土器の誕生で、皿が火を弱くする心配がなくなり、その後、数十万年の間使われ続けていく。さらに時代が下ると、炉の

火で焼かれた土器が陶器へと変化することが分かり、その後、多様な陶器文化が花開く。

4－3　感情の芽生え

　　4家族からなるツリーハウス集落の団結は強かった。何をやるにしても全員であたった。魚捕りの時は、家族総出で川辺に行き、オトコは槍を持って魚を捕り、子供は貝を捕り、オンナたちは赤ん坊をいやしながら、捕れた魚をさばくといった具合である。ツーハウスの修理はもちろん、広場に集まっては槍や手斧作りも協同で行った。まるで24人が一家族のように。こんな平穏な日々が十数年続き、9家族、40人を超える世帯になっていた。そんなある日、悲劇が起った。川で貝捕りをしていた一人の子供がワニに襲われたのである。一緒にいた子供たちの知らせに、オトコたちは武器を持って現場に向かう。水辺にいた腹の膨れたワニを発見。オトコたちは狂ったように頭部を狙って槍や手斧を振り下ろす。ワニの頭部はたちまちぼろ切れの様にされる。急いで腹が切り裂かれ、子供を取り出すが、すでに白く変色して事切れていた。亡き骸は広場に運ばれ、その周りを集落のみんなが取り囲んでいた。その子供の親は亡き骸に取りすがり、泣き声とも思える呻き（うめ）をあげ涙を流す。と同時に、周りからも嗚咽（おえつ）の声が漏れた。現代にも通じる光景が展開されたのである。この頃の原人の脳の大きさは、すでに現代人に迫

る１５００ｇに近づいていた。従って喜怒哀楽などの感情は、現代人にも引けを取らないほど発達を見せていた。いやむしろ、純粋性においては勝っていたのかも知れない。亡き骸は獣の皮で何重にも包まれ、みんなが住む集落から近い北側の広場の隅に葬られた。

　これらの一連の行動は「ヒトから人へ」の確かな一歩と言えるのである。小さく盛られた土の山には枝が一本立てられ、その子供がつけていた木の実の首飾りが下げられた。ヒトザルや猿人時代の樹上生活では、死んだり弱って木の枝が握れなくなると、自然に地上に落ちて、そのままハイエナやハゲタカなどの掃除人の餌食になった。原人時代の洞窟生活では、死ぬと死骸は腐るので、いや応なく外に出され穴に埋められた。穴に埋めないと例の掃除人が臭いをかぎつけてやって来る。そこには特に死を悲しんだり、哀れんだりする暇はなく、野生の本能が勝っていた。まだ脳の精神活動に、そのようなチャンネルがなかったのである。しかし、オトコとオンナの「つがい」の生活が定着し、子をもうけて家族としての暮らしが深まると、当然、親愛の情は芽生えてくる。ツリーハウス集落での埋葬は、幼子を冷たい土に埋めることを哀れみ、身体を川の水で洗い、貴重な獣の皮で包んで埋められた。まさに死者への情愛であり、哀悼の念でもあった。これは今までにない宗教心の芽生えであり、"おくりびと"の起源にもなったのである。

4－4　生活の向上

　この頃になると、ツリーハウスの外装は気密性の高い獣皮で覆うようになっていた。天辺には煙り抜きの穴も開けられている。また川で身体を洗う習慣もでき、おまけにトイレまで川で済ますようになる。用を済ませた後、お尻を洗うので"ウォシュレット"であり、衛生面での著しい向上である。食物においては、土器の発明により調理法が"焼く"から"煮る"が主流になる。魚や幾つかの山菜を入れて煮ることで、色々な味が混じり合い美味しい"なべ料理"になる。また川辺に打ち上げられている干からびた魚を見て、干物の方法（貯蔵法）を考え出す。魚は栄養面や健康面からみても優れた食材である。

　今、話題になっている魚の脂には、ＥＰＡ（エイコサペンタエン酸）やＤＨＡ（ドコサヘキサエン酸）といった高度不飽和脂肪酸（必須脂肪酸）が含まれていて、それが人間の身体の中で、血液の流れをスムーズにする働きをしている。知る由もないが、彼らは自然に悪玉コレステロールや中性脂肪を減らし、高血圧や動脈硬化を防止していたのである。またＤＨＡを十分に摂ることで、脳の神経細胞を活性化させることも出来ていた。

　一方、洞窟集落での焼き肉料理はこの逆で、高コレステロールや高脂血症、動脈硬化などで早死にする"魔の食べ物"だった。特に肉の"焦げ"は最悪で、ガンの原因にもなるのである。直火で焼いた肉の焦げには、多核芳香族炭素というものが含まれ、これは発ガ

ン物質になる。また、洞窟の中で火を焚くということは、とうぜん
煙が充満する。これにより子供から年寄りまで「肺気腫」になった。
時折、ツリーハウス集落との交流で洞窟集落に土器が持ち込まれ
たが、割れるとその後の供給が続かず、大勢は変わらなかった。相
変わらず、じめじめして喚起の悪い洞窟生活を続けていたのであ
る。

　以前、日本テレビで『生命の謎を探る旅スペシャル〜ここまでわ
かった長生きの秘密と真実〜』という番組があり、その中で興味深
い人間の平均寿命を扱っていた。

　○旧石器時代人＝１５歳前後
　○ローマ統治時代のエジプト人＝２２．５歳
　○１０世紀のハンガリー人＝２８．７歳
　○１７世紀のイギリス人＝３３．３歳
　○１９世紀の日本人＝４０歳前後
　○今の日本人＝８０歳以上

　この時代は、旧石器時代の平均寿命に近いことになり、１５歳と
は驚きである。もちろん、１５歳で死ぬということではない。５人
の大人が３０歳まで生きても、赤ん坊５人が０歳で死ねば、その平
均年齢は１５歳になる、ということである。それほど赤ん坊の死亡
率が高かった。

その中でも５０歳、６０歳まで長生きした人もいたわけで、文字のなかった時代、このような人は知識の伝承者として、貴重な存在であり大事にされた。

もう１つツリーハウス集落で見逃せない変化が起きていた。それは"ものづくり"においてである。今までは自然にあるものを、そのまま真似したり、せいぜいヒントを得て作るものだった。それが脳の発達によって、精神面においても、技術面においても格段の進歩をみせるようになった。それは木を使った道具である。

今までは槍や手斧などの武器が中心であったが、木の匙やホークのようなもの、蔓で編んだ籠などの生活道具から、集落を囲む木の柵まで、生活をより豊かにより安全にする物などへと確実に広がっていた。ここに、ツリーハウス集落の住民は、より現代人に近い輝かしい「旧人」のレベルに達したのである。*12

４−５ ２回目の移住

一方、洞窟集落においては再び人口の飽和を迎えていた。今は洞窟からはみ出したオトコたちが、広場にある数本の樹木の下で雑魚寝している有様。これが出来るのは広場に置かれた猛獣よけの大きな焚火のお陰である。

さっそく選考が始まる。今度は希望者が続出するという様変わりである。狩りの連中からツリーハウス集落の評判が断片的に伝

わっていた。結局、抽選となる。

その方法は、木の枝に吊るした獲物を、遠くから槍を投げて射抜くという競技である。送り出す側としては、少しでも狩りの上手な者を送りたいという親心からである。広場には希望者のオトコたちが手に槍をかざし、その周りを見物人が取り囲む。競技が始まった。オンナも子供も「キャー、キャー」の大声援で、今まで見たことのない光景が出現した。大変な盛り上がりのすえ、移住する１０家族、５０人余りが決まる。ツリーハウス集落に連絡がとられ、その間、各洞窟では移住の準備が始まる。その後、移住は何事もなく進み、移住者はツリーハウス集落に到着する。最初に彼らの目に飛び込んで来たものは、彼らの住むことになる１０棟のツリーハウスの建設現場である。彼らのカルチャーショックはいかばかりか、まったくの別世界のように映っていただろう。

彼らはツリーハウスを１軒１軒みて回り、中を覗いたり住民に道具の使い方などを教わっていた。やがて彼らは建設中のツリーハウスの周りに集まり、手伝い始める。

そこで再びカルチャーショックを受ける。作業のスピードが全く違うのである。それは慣れという問題ではなく、先を読んだ段取りの良さであった。ちょうど大人と子供の仕事の違いのようでもあり、頭の回転の速さの差から来たものだった。それよりも、もっと彼らを驚かせたのは、顔の色艶だった。それは暗い洞窟での生活と、陽光のもとでの生活との差であり、食べ物の差でもあった。たかが十数年の間に、これほどの差がついてしまったのである。ツリ

ーハウスが出来るまで、彼らは取りあえず集会場や９棟のツリーハウスに分宿した。やがて１０棟のハウスが完成した。

　新しい生活が始まって、彼らは益々その違いに驚かされる。まさに“ユートピア”のように映っていたのである。快適な住まい、美味しい食事、水はハウスの中にある「水かめ」でいつでも飲めた。洞窟時代の水飲みは、雨の溜め水か、岩山の湧水だった。今は川に行けば好きなだけ飲めるし、行水やトイレも衛生的にできる。それにも増して、ツリーハウス住民の心遣いが嬉しかった。

　この移住は元々いるツリーハウス住民にとっても大きな恩恵をもたらしていた。それは「同系交配」^{*13}（＝近親結婚）の危機を回避できたのである。少人数のグループ内での交配により、血が濃くなり過ぎる現象で、やがてグループの絶滅につながる。もちろん知る由もないことではあるが。ともあれ、移住組の感激は、ついに洞窟集落の住民に伝えられる。この時代、たまに訪れる狩りの連中の情報だけでは不十分で、何事も“百聞は一見に如かず”ということになった。洞窟集落の住民に動揺が広がる。全住民が広場に集まり、どうするかの協議が始まる。これには移住組も特別に参加していた。なにぶん、洞窟生活と生々しいツリーハウス生活の両方を体験している。協議は一気に住民の全員移住が決められた。

４－６ 大移動はじまる

　知らせを受けたツリーハウス集落では大混乱。移住してくるの
は４０家族、２００人近い人数である。新たに４０棟のツリーハウ
スを建てなければならない。建てるための適当な樹木がなく、すで
にある１９棟のハウスの前には、川辺まで続く広場があるだけで
ある。これから建てるハウスは、どうしても森林の奥へ広げざるを
得ない。これでは日当たりも悪く、どんどん川から遠くなり、水浴
びやトイレが不便になる。さすがに頭を抱えてしまった。必要に迫
られて再び頭が回転し始めた。パイオニアの血を引く者ならずと
も、その解決法を見出す。それは、ツリーハウスの柱になっている
樹木の幹に頼らず、別に丈夫な太い木の棒で柱を造ればよいので
ある。これだと広場にもハウスを建てることが出来る。ちょうどイ
ンディアンのテントと同じ格好である。衆議一決、さっそく作業に
取りかかる。まず、長い真っ直ぐな枝で棒を何本も作る。一番太目
の棒が真ん中の柱になる。残りの骨になる数本の棒とともに、その
先端は蔓の紐で固く縛られた。「セーノ」で持ち上げられ、立ち上
がると真ん中の棒は柱として、その根元が土の穴に埋められた。ちょ
うど骨だけの傘を半開きにして伏せた形である。目途がつくと、
洞窟集落へ連絡が届けられた。「移住する人数は半分ずつ」、「出来
るだけの獣皮を持ってくる」の２つの条件だった。連絡はうまく伝
わる。森林の中を、かつて見たことのない大集団の行列が続いた。
やがて集落に到着すると、住民総出で獣皮の取り付け作業が始ま

った。幸い、獣の狩りを続けていた洞窟集落には十分な獣皮の備蓄があった。人数を半分ずつにして時間を空けたことで、外で待たされることもなく、スムーズに入居できたのである。こんな時代に奇跡的とも思える快挙だった。全員が心を一つにして皆のために協力した結果である。広場には新たに４０棟のハウスが建ち、ここに総数５９棟、約３００人の大集落が成ったのである。

　生活が落ち着きをみせ始めた頃、１つの珍現象が起きる。初めからいるツリーハウス集落のオンナたちが獣皮の腰巻をつけ始めたのである。それは同じ仲間とはいえ、見知らぬ多くの移住民の目に晒された（さら）ため、"羞恥心"（しゅうち）が芽生えたのである。明確な自我や自尊心の表れでもあった。すでにオトコたちは手斧や獲物を下げるための腰紐を巻いていたが、オンナは丸裸同然だった。獣皮が余分にあったこともあり、リーダー格のオンナたちが巻き始めたのである。たちまち全住民のオンナたち、やがて遅れてオトコたち、子供たちまで巻き始める。一種の大流行になった。これが体毛を失った原人の時代以来、初の"纏う"（まと）という文化の始まりである。

　しかし、学術上では"寒さ"が原因とされている。

　いわく、衣服は石器や土器と違い、遺物としては残らないので、確定的なことは言えない。しかし、出土事例で最も有名かつ最古の部類に入るのが「アイスマン」（復元図）である。

　アイスマンは、1991年にアルプス・南チロルの凍土から発見された5300年前（新石器時代）の先住民のミイラで、毛皮の衣料や帽子、樹皮で出来た防寒用の外套を身にまとい、植物で編んだ靴を履いていた。より古い衣類の出土事例もあると考えられるが、保存状態の面では世界的にも稀有な事例である。

　また、直接的な証拠は見つかっていないが、さらに古い時代には、ネアンデルタール人は皮をなめして簡素な裁断をし、衣服の原型のようなものを利用していた可能性がある。クロマニョン人の活躍した南仏のソリュートレ文化期、マグダレニアン文化期にも、衣服こそ見つかっていないが、骨角器の「骨針」が発見されているの

で、少なくとも２～３万年前頃には縫製技術も発達しつつあり、衣類の使用が始まっていたと思われる。

　実はその真相は、すでに遥か昔のオンナの羞恥心から始まる、「ツリーハウス集落文化」が各地に伝わったものだったのである。しかし、残念ながら遺物としては残ってはいない。

　再びツリーハウス集落に戻る。この頃、また深刻な問題が起き始めていた。それは食料問題である。当初は水飲み場に集まってきた動物も姿を消し、川で豊富に獲れた魚介類も、めっきり数を減らしていた。とにかく３００人の胃袋を満たさなければならない。狩りの大集団は３グループに分けられ、１班はサバンナへ、２班は川の上流へ、３班は下流へ向かう。集落に残った若手のオンナたちは森林に入って、木の実やキノコなどの採集にあたる。また子供たちは、近くの川で魚を獲るオトコたちに連れられて、貝採りに励んだ。集落には乳飲み子と年寄りのオンナ、そして数人の警備のオトコがいるだけだった。この頃になると、集落の周りは丈夫な木の柵で囲まれ、さながら砦を思わせる陣容になっていた。

４－７　発明・発見ラッシュ

　上流に向かったグループは、川の浅瀬を見つけ、対岸に渡ったという。さらに上流には大きな水溜り（湖）があったという。大量の魚やウナギを持ち帰った。

一方、下流に向かったグループは苦戦することになる。川幅は広くなり深さも増して、川を渡る時、あやうく溺れそうになったのである。おまけに、槍では1匹の魚も獲ることが出来なかった。ただ川辺に生い茂っていた不思議な植物を見つける。それは葦であった。真っ直ぐに伸びた茎を持つ植物は見たことがない。垂直に伸びて茎は2〜6mの高さにもなる。珍しいので獲物のないこともあり、それぞれが抱えるだけ束ねて持ち帰る。サバンナから帰ったグループからは愚痴がもれた。相変わらず槍で仕留められる獲物はなく、インパラ、ダチョウ、大型ではキリンなど、近づくだけで逃げられ、いったん走られたら終わりだった。そうかといって近づき過ぎると、ヌーなど野牛の強力な反撃にあって、度々危険に見舞われた。いちばん癪だったのは鳥である。木に止まっていても、飛んでいても、槍を上に投げるので、戻ってきて仲間が怪我をする始末。武器の改良が迫られていた。

　一方、集落に残ったオンナたちから、様々な生活道具の発明がもたらされる。蔓で編んだ籠を、もっと細く浅くして「笊」に。これはやがて繊維を取り出して粗い「布」の誕生を生む。また笊は川で魚を獲る道具に利用され、「魚籠」や、やがて「魚網」へと進化していく。釣り針は魚籠が作られた同時期に発明された。きっかけは、魚を食べている時に起こった。魚の骨が喉に引っ掛かり、取るのに一苦労する。出てきた骨はV字形をしており、この形がものを引っ掛けるのに適していた。これをヒントに動物の骨から「釣り針」が考案され、魚釣りに使われ、さらに「縫い針」へと変化していく。

下流に向かったグループが持ち帰った葦であるが、珍しいことも
あって広場の陳列場に並べて展示された。やがて乾いて木質化し
た葦は、そのままハウスの囲いや編んで床敷きにと利用される。今
までは落ち葉や獣皮で、いずれも耐久性や通気性に問題があった。
その点、葦のカーペットは暑い時には涼しく、快適な敷物となった。
次に集落の整備であるが、墓地は広場から北側にあたる少し離れ
た高台に、その他にゴミ捨て場や水浴び場も設けられた。水浴び場
は、ワニに襲われないように周りを柵で囲った。

　ある日の朝のこと、オンナたちが水浴びをしたり、川の水を飲ん
でいると、前方を茶色の丸いものが「プカプカ」と流れていく。オ
ンナたちは近づいてしげしげと見つめる。その瞬間、オンナたちは
一斉に「ゲーゲー」と水を吐き出した。それは紛れもなく"糞（う
んち）"だった。上流に目をやると、数人の子供たちがトイレ中。

　それ以来、トイレ場は、水浴び場の下流に設けられ、丸太で船着
き場のような"せり出し"が作られ、周りを葦の 簾 で囲われた。
これが" 厠 "の起源である。それともう１つ、特筆すべきものに
農耕の芽生えがあった。

　採集してきた芋を暗い所に保存していたところ、芋から芽が出
ていたのである。展示するため、広場の隅に同じように埋めておい
たところ、育って実ったのである。

　この頃になると、頭脳はただ真似るだけでなく、それを発展させ
る能力の域まで高まっていた。

４－８　最強の飛び道具

　食料調達にまだ不安はあるものの、集落の皆で食べ物を分け合うという互助精神や、魚の干物貯蔵や芋の栽培の普及のお陰で、飢えに陥ることは少なくなっていた。

　衣食住において、食べ物が安定的に確保されて、はじめて次の文化的領域である、住いや衣服に関心が向けられるものである。ある日、広場に集まって手斧投げや槍投げ、相撲のような格闘の競技で盛り上がっていた。狩りの不猟が演じられる。１人が槍を投げ、動物の格好をしたもう１人のオトコが軽く身をかわす。そして、槍を拾い上げて「バキッ」と折る。住民はどよめく。このパフォーマンスは、「槍では猟は出来ないよ」と動物にバカにされる様子を演じたものだった。これを見せることで、皆に「よいアイディアはないか」をアピールしたのである。１人のオトコが進み出た。手には１本の曲がった太目の枝が握られている。そのオトコは折れた 鏃 のついた方の槍を、その枝の先端に当てがい、そのまま枝をしならせた。次の瞬間、「ビュー」という音と共に、半分の槍は遠く離れた木に命中した。一瞬の静寂の後、先ほどの何倍ものどよめきが湧き起こった。これが世紀の弓の起源 “原始弓” 誕生の瞬間だった。この弓は「ブル」と名付けられた。弓を振り回すと「ブル〜ブル〜」という音がしたからである。これが狩りの主役の武器となり、最強の飛び道具となっていく。弓の発明はおよそ１万６千から１万４千年前頃であるから、遥か昔に弓の原型は存在していたのである。

これにより、俊敏なインパラやウサギなどの小動物、空飛ぶ鳥の狩猟まで可能になった。一体、このオトコは何者なのか。どうしてこのような画期的な発明が出来たのか。それには意外にも悲しい逸話が隠されていた。彼には生まれつき変な「トラウマ」があった。

　１９１７年、心理学者フロイトが、物理的な事故などの外傷が後遺症となり、さらに過去の強い心理的な傷が、その後も精神的障害をもたらすことを『精神分析入門』で発表した。その際、精神的外傷を意味する用語としてギリシャ語の「ｔｒａｕｍａ」（トラウマ）が用いられ、現在のような意味で使われるようになった。よく人がヘビを嫌うのは、人類がまだ「ヒトザル」だった頃、平和な樹上世

界に唯一、枝を伝って執拗に襲ってきたヘビに、散々苦しめられた ことが「トラウマ」になり、悠久の時を超えて今もなお、嫌われ恐 れられている。何を隠そう、彼は「枝折れ落下のサル」の血を引く 子孫だったのである。木に登ることが苦手で、木の実を採ることが 出来ず、皆から変人扱いされていた。しかし一方で、彼には枝のた わみにより、身体が浮き上がる快感も「逆トラウマ」として混在し ていた。この一族には代々、人知れず、倒木などから長い枝を集め、 一端を地面に埋め、先端の平らな部分に跨り、揺れを楽しむという 遊びが伝承されてきた。これだと折れても大した怪我をしない。今 で言うと、ちょうど木製のトランポリン遊びのようなものか。この 遊びは発展し、揺れの力で身体を前方へ飛び出すような遊びにな る。これがまた快感！ 距離がどんどん伸びていき、そのうち石や 木の棒も飛ばすようになる。期せずして人類は、人力以外に、木の 弾力を利用する方法を考案したのである。これにより、彼は先祖の 汚名を返上し、「ものづくりチーム」のリーダーとして力を発揮し ていくことになる。

４－９ 暮らしの深化

この原始弓「ブル」はその後、矢に改良が加えられる。矢のお尻 の部分がＹ字形（のち羽根に変わる)になり、弓にしっかり添えら れるようになる。また、矢はより真っ直ぐな棒に加工され、その命

中率を上げた。これ以外にも発明・発見はまだまだ続き、動物の胃袋や膀胱を利用した水筒、獣皮や植物の細い繊維で編まれた衣服、炉の灰の中から偶然発見された「炭」、川に流される簾からヒントを得て、2本の丸太を束ねた「筏」が作られている。今までは川で漁をするのに、丸太に捕まり、片手で魚を採っていた。それが筏にまたがり、櫂を操って安全にしかも効率よく漁が出来るようになったのである。

　これらの進歩は「もの」だけに止まらず、社会の「しくみ」や精神面にまで及んでいく。まず生活のゆとりが、群れとして直接生産に係われない人をも養える余裕が出てきた。例えば、お年寄り、狩りで怪我をした者、生まれながらに病弱だったり、身体に支障を持った者などである。しかし、これらの者も単にお荷物になることなく、十分に社会的な役割の一端を担っていく。例えば、まだ文字のなかった時代に、お年寄りが知識や体験の伝承者として、若者や子供たちに、日常的に教えたのである。また、怪我をした者は集落にとどまり、広場の陳列場の整理をしたり、改善に取り組んだ。この中からまたまた画期的な発明がなされる。それは"文字"の発明である。陳列場には食べ物や道具、オトコたちの羽飾りなどが展示されていて、"ことば"の仲立ちをしていた。

　しかし、食べ物は痛むし、新たに毒キノコや毒ヘビなどの危険なものがどんどん増えて、収拾がつかなくなっていた。そこで古くなったり、周知されたものについては粘土板にその形を描き、その代わりをさせたのである。

これが“ことば”の発展の過程で誕生した文字、“絵文字“であり、「象形文字」の走りとなる。また、病弱だったり、身体に支障を持つ者の中には、特殊な才能を持った者もいた。毎日、毎日、自然を飽きることなく眺め、太陽や月、星々の動きなどを観察した。そこから規則的な天体の動きを知り、後世に発展する農耕や暦の基礎を築く。また、持ち込まれる植物や動物を調べ、毒のあるもの、薬になるものなどを区別し、病気や怪我の治療に取り組んでいく。だがこの頃はまだ、呪術師や巫女などは存在せず、あえて云えば、皆が自然の恵みに感謝するという、大らかな自然崇拝の精神を持っていた。

　このように、人間としてのすべての基本的素質と精神を持った人類、ヒトザル―猿人―原人―旧人としてレベルアップしてきた人類は、ついに「新人」に至る。

　この「旧人」から「新人」に至る期間は約１００万年で、この期間を「黄金の１００万年」、その文明を「ツリーハウス文明」と呼ぶことにする。この文明の後期には、集落に花畑や花の咲く樹木も移植され、暖かくなると一斉に花を咲かせた。この木は桜に似た薄いピンクの花をつけ、散り際も見事で、集落の人々の心に深く染み愛された。

第５章　迫りくる危機

　ヒトザルという類人猿が、５５０万年という長大な時を経て、現生人（現代人)の始まりである「新人」にたどり着いたように、アフリカの各地では様々な人種の発祥が見られた。しかし、どれも「ツリーハウス文明」を超えるほどの域には達していなかった。それにしてもこの文明は、現代の文明に比べても、「人間の幸せ」という点で考えさせられることが多い。この頃の「新人」の平均寿命はせいぜい２０～３０歳である。２０１０年代、世界の最短はアフリカのスワジランドで、３４．１歳（エイズの死亡率が高いため）となっている。

　ちなみに犬・猫の寿命は約１２～１５歳で、「人間の年齢に換算」[16]すると、６４～７６歳に相当する。新人の２０～３０歳は決して早世ということではなく、犬猫のそれのように、短日でも中身の濃いそれなりの生涯を全うしているのである。ただ肉体的には余り老境を示さず、女たちは最も美しい姿で死んでいく。男たちも勤勉に働き命がけで妻子を養い、社会に尽くして充実した人生を終えている。集落のインフラや制度が未熟でも、皆、正義感と情に厚く、平和な日々を過ごしたのである。まさに「黄金の１００万年」といえよう。しかしそんな中にも、不穏な動きが見え始めていた。

5－1 外敵の侵入

　ツリーハウス集落の人口は増え続けていた。これは食べ物の栄養バランスや環境衛生の向上などに依るところが大きいが、もう1つにマンパワーの存在があった。

　それは寿命が延びたことにより、長寿の女性（お婆ちゃん）が増えたことによる。お婆ちゃんたちは、男や女が狩りや採集、畑仕事などに出掛けている間、集落の赤ん坊の面倒を集団でみた。今でいう「保育園」の機能である。これにより赤ん坊の死亡率が改善され、平均寿命を押し上げ、結果的に人口増につながった。そのため、またまた今の集落面積だけでは狭くなったのである。

　そこで川の対岸に広がるサバンナに、新たなツリーハウスを増設することになった。大小の枝が用意され、筏に積んで対岸へ運ぶ。この頃には４、５本の丸太をつなげた幅広の筏になっていた。２０数棟（川向う集落と呼ぶ）のツリーハウスが完成し、外装には獣皮に代わって編んだ葦（あし）が使われだす。その後、草原に大量に群生していた茅（かや）も使われ、ここに"茅葺きハウス"が建つ。

　そんなある日、狩りから帰った川向う集落の男たちから、異様な1団を見たとの知らせが入る。体格は自分たちより大きく、がっしりしている。毛むくじゃらで、手には槍のようなものを持っていたという。初めての外部の人間との接触である。集落にはこの知らせがたちまちに広がる。平和な時代を過ごしてきた集落の人々は、当然、敵愾心はなく、他にも同じような仲間がいたという、一種の好

奇心のようなものさえ感じていた。何しろ害獣との長い闘争の明け暮れで、ここに住む集落の住民しか居ないと思っていたのだから。衆議一決、次に遭った時は、ぜひ交流しようということになる。次の日から、狩りには木の実や魚の干物などの「みやげもの」を携行するようになる。それから何日かして悲惨な知らせが飛び込んでくる。話はこうである。狩りの最中、例の集団を見かけた。藪に潜んで様子をうかがっていると、火を起こし獲物らしきものを焼き始めたという。ちょうどよい機会と、「みやげもの」をかざして近づいていった。

　不意を突かれたのか、一団は驚き、唸り声を上げながら槍を投げてきたという。その一本が運悪く一人に当たり、すぐ引き抜き、防戦しつつその場から逃げ出して来たとのこと。負傷した仲間は集落に戻ったが、間もなく死んだ。傷口には、今まで見たこともない黒く光る 鏃 が残っていた。彼らにはとても信じられないショッキングな出来事だった。どうして！今までの猛獣との戦いで、怪我したり死んだりしたことはあっても、仲間どうしで争ったことはなかった。それが仲間と同じ格好をした人間から攻撃されたのである。言い知れぬ怒りが湧いて来た。

　しかし、こちらから反撃することはせず、もう少し様子を見ようということになる。何かの間違い、行き違いがあったのではと思ったからである。どこまでも人間的な温かさを持つ人種である。ただ用心のため、集落の周りの柵は太い杭に代えられ、丈夫な出入り口の門も造られた。今までは動物の侵入を防ぐ程度のもので、いよ

よ砦のような体裁を整えていく。

　狩りで留守中、集落の警備の人数は普段より増やされた。

　柵から外に出る女たちの採集や畑仕事にも武装した男がつき、子供たちは柵から出ることを禁じられた。張り詰めた緊張感と不安が集落を包んだ。遭遇した一団は、分類学上では「(*17)ネアンデルタール人（復元図）」であった。ヨーロッパ、アジアに広く分布し、ここアフリカまで南下してきた野蛮な種族だった。その中の更に"はぐれ者集団"が彼らで、各地を転々としては他の部族を襲い、食べ物や女たちをさらっていた。本来の狩りで糧を得るのではなく、人様のものを略奪する、初代盗賊の走りである。彼らは草原の木の下や岩陰で野宿し、略奪し尽くすと，また他の場所に移動していく。従って長居は出来ないのである。やがて１回目の襲撃がある。

サバンナから陸続きの「川向う集落」が襲われた。まったく話し合いの余地はなかった。集落の男たちは柵越しに必死で防戦する。相手は槍や斧、棍棒などが主な武器で、それらをやたらに投げつけてきた。こちらは柵に隠れて、近づいてくる敵を槍で突いて、柵を突破されないようにする。彼らは２０数人の集団で、こちらは１００人近い勢力である。さしもの彼らも、やがて引き上げていった。こちらには何人かの怪我人が出たが、死者は出なかった。戦いの跡には何本かの敵の槍や斧が残されている。鏃や斧の刃には見たことのない石器、そう、以前死んだ仲間の傷口に残されていたのと同じ石が付いていた。鏃を手で触ってみると鋭く、指に刺さりそうである。自分たちが使っている石器の鏃とは大違い。鏃については、敵の方が進んでいるようだが、実はこれも略奪品だった。この槍がまともに当たれば危ないと直感する。さっそく対抗策が練られた。「ものづくりチーム」のリーダーが呼ばれる。柵がかなり槍を防いでいたので、枝で縦長の小形柵を作り、そこに厚手の獣皮を張った。

　持ち運びのできる"楯"の誕生である。それから間もなく２回目の襲撃がある。今度は出来たての楯をかざして迎え撃つ。しかし見方は一瞬息を飲む。敵は手に手に松明を持っていたのである。それを一斉に「川向う集落」の"茅葺きハウス"目がけて投げ始めた。ハウスにいた女や子供は悲鳴を上げて飛び出し、川の方へ逃れる。岸には数隻の筏が留めてあり、それに乗って対岸へ向かう。

　また対岸からは救出用の筏もこちらに向かっていた。それを見た味方は何重にも楯（楯襖）を作り、防戦を続けた。すでに柵は焼

け落ち、ハウスのほとんどは燃え尽きている。

　すべての女、子供が渡り終わったことを確かめると、楯襖は一斉に槍を前面に押し出して前進を始めた。敵も必死である。鋭い敵の槍は楯を突き抜け、何人かの味方が「バタバタ」と倒れた。しかしこの戦闘でも敵の死傷者はほとんど出なかった。それは専守防衛に徹するツリーハウス集落の健気なほどの信念からである。この迫力に押されて、遂に敵は退散していった。

5―2　最後の決戦

　怪我をした味方はすぐに集会場に運ばれ、手厚い看護を受ける。幸い、今回は死人が出ずにすんだ。戦いが終わって、なぜ「ブル」を使わなかったのかでもめる。ブルとはあの原始弓のことである。だが、それを使うことは、相手から確実に死者が出ることを意味していた。それほどこの原始弓は威力を秘めており、使うことに戸惑いを持っていたのである。しかし一方で、敵はほとんど無傷の状態である。もし今度襲ってきたら、最後の手段として対抗上、原始弓を使うことを衆議一決した。「川向う集落」は焼け落ちてしまったので、住民は「ツリーハウス集落」に分宿し、必ずあるであろう次の襲撃に備えた。集落の川沿いには新たに柵が設けられ、初めて物見櫓（みやぐら）も建てられた。各ツリーハウスには水の入った瓶（かめ）も備えられ、葉のいっぱい付いた枝を常備した"火消し隊"まで編成されたので

ある。悲しいことではあるが、戦争はある意味で社会を進歩させる
ものなのかもしれない。しかしそれはあくまで負の行為によって
もたらされたもので、正の進歩にこしたことはない。物見櫓から知
らせが入る。直ちに集落では臨戦態勢に入る。ついに今回は５０本
の原始弓が配置され、１人たりとも侵入を許さない体制である。３
回目の戦いが始まる。敵もかなり追い込まれているようで、物凄い
形相で向こうの対岸に陣取った。何と、ざっと６０人ぐらいか・・・
何倍も増えている。ところが、敵の集団が一斉に川の上流の方へ移
動を開始したのである。それを対岸で怪訝な思いで見つめていた
味方に、安堵の心が広がる。その時である。

　狩りで上流に向かったことのある男が突然叫び、恐怖にひきつ
った顔で墓地のある北側を指差した。それは川に向かって右側、川
の上流を指していた。しばらくして、その意味がわかる。敵は上流
の浅瀬を渡り、地続きでこちらに攻めてくるということである。敵
もさるもの、各地を渡り歩く荒くれ者である。地形や戦術を知り尽
くしていた。ただ、集落側の消極的な応戦に、侮りバカにもして
いた。集落では直ちに右側の柵に応戦シフトを移す。

　木陰やハウスの裏に弓隊を潜ませ、女や子供たちは１番離れた
ツリーハウスに移動させる。敵は物音をたてず、予想通り上流から
近づいてきた。今度は少数で集落の様子をうかがっている。斥候で
ある。やがて斥候が去ると、ほどなく本隊がこれも音をたてず、静
かに柵を乗り越え始めた。迎え撃つ方は息を潜め、武器を持つ手に
力を込め、攻撃の合図を待つ。ほぼ全員が柵を乗り越えた時を見計

らい、「ビュー！」(放て)の大声が響く。"ビュー"という唸りを残して５０本の矢が一斉に放たれ、次々と継矢が続く。リーダーの手が挙がる。一瞬の出来事のようにも思われた。柵の辺りには敵の死体が累々と重なりあっていた。逃げようと争い、重なり合って死んだのだろう。何人かは逃げ追うせたようである。現場は悲惨を極めた。人間同士が殺し合う、初めて見る光景であった。

　１人の身体に数本の矢が突き刺さっている死体も。戦いに勝ったという喜びよりも、空しい悲壮感のようなものさえ漂っていた。もしうまく相手と交渉できていたら、争わなくて済んだのかも知れない。もっと方法があったのではないか。どこまでも自分の非を問う謙虚な集団だった。実はこの戦いで、何人かの敵は一命を取りとめ、厚い看護のすえ回復する。そしてこの後、この集落で暮らし同化していった。集落の人々のこのような精神はどのようにして育まれてきたのだろう。

　詩聖ホイットマンは次のように詠（うた）っている。

寒さにふるえた者ほど太陽をあたたかく感じる
人生の悩みをくぐった者ほど生命の尊さを知る

5－3 新たな発明・発見

　倒れていた遺体は綺麗にされ、住民と同じ墓地に埋葬された。彼らの持っていたものが調べられる。大きな皮袋におびただしい数の黒い石が入っていた。鏃と同じ石である。これは「黒曜石」と呼ばれる、この時代の最先端の鏃である。このおびただしい数は、鏃や斧の替え刃だった。その中に細長い石があり、どう見ても武器には使えないものがある。いったい何だろう。分からないまま斧の刃に替えようと石斧で割る。「パチッ！」と火花が散る。"火打石"を見つけた瞬間である。実は無頼の連中はこれで火を作り、獲物を焼いていたのである。2本の細長い石を打ち合わせてみると、激しい火花が散った。柔らかく乾いた葦の穂に振りかけると、ボッと火がついた。取り囲んで見物していた住民から大歓声が上がる。彼らがついに手に入れた"随時ライター"だった。

　今までは炉の火種を消さないように神経を使ってきたのである。これは大発見だった。同じものが近くにないものか。昔の洞窟集落の近くにある岩山が思い出された。さっそく調査隊が派遣される。岩山のそれらしい石を、石斧で片っ端から割って調べられたが、見つからなかった。代わりに面白い石が見つかる。硬くてしかも薄く割れ、石器を作るのに好都合の石である。これは「頁岩」と呼ばれる変質した堆積岩で、残念ながら火打石にはならなかった。集落のインフラについては、川を挟んで2つの集落の間に橋が架けられる。襲撃を受けた時、川を筏で渡って何とか避難できたものの、下

手をすると多くの犠牲者が出ていた恐れもあった。川は６０ｍほ
どの川幅があり、まず、長く太い蔓（つる）で出来たロープを何本も筏で対
岸へ運び、両端を固定する。次に、両岸から３本横つなぎの筏を、
この太いロープ沿いに少しずつ送っては細いロープで縛り、流さ
れないように止めていく。

　川辺の浅瀬には長い杭を打ち、筏を固定した。ここに初の筏によ
る“浮き橋”が完成したのである。これにより集落間の行き来はス
ムーズになり、いざという時の避難路にもなった。また、物見櫓に
は常時、見張り員が交代で置かれ、夜には大きなかがり火が不断に
焚かれた。

　一方、言葉については、ものの名前（名詞）は増えたものの、動
詞については余り増えなかった。それはこの当時の言葉は主に擬
音語から作られていたからである。

　幾つかの短い会話は次の様なものである。

○「ブルビュー」→「弓を射る」・・・「ブル」は原始弓、「ビュ
　ー」は矢が飛ぶ時の音。「弓を射れ」の命令形は、相手に指差
　すことで通じた。

○「カサパチ」→「クルミを割る」・・・「カサ」は振ると中の実
　がカサカサ鳴ることでクルミを、「パチ」は割る時の音で、割
　ることを意味する。

○「ピチキリ」→「魚を釣る」・・・「ピチ」は魚が跳ねる音で、
　「キリ」は竿がしなる音から。

○「カチボー」→「火を点ける」・・・「カチ」は火打石でカチカ

チ火を点ける音。「ボー」は火の燃える音。

○「ザ―ジョボ」→「水を溜める」・・・「ザ―」は水（雨）の音。
「ジョボ」は壺に水を注ぐ音。

このような具合で、主に名詞と動詞だけでけっこう会話が成り立つ。しかし、音の出ないものは相変わらず手振り身振りが主流であった。何か漫画風であるが、今の若者も似たような会話を交わしている。文字については言葉以上に発展していた。生活のゆとりから生まれた専門職の人々の存在である。生み出された絵文字は何でも描くことが出来る。世界各地の洞窟に残る岩絵のように、動物の絵、狩りの様子や人々の暮らしなど、今に生々しく伝えている。広場の陳列場には絵文字で書かれた粘土掲示板が掲げられるようになる。特に注意書きが役立つ。

毒を持つ木の実はそのまま粘土板に埋め込まれ、その下に枝の刺さった塚（墓地の盛られた土山）の絵が描かれている。その意味は、この木の実を食べると墓地に葬られる（死ぬ）ことになるということ。逆に、この植物の葉は腹痛によいとか、この花は傷によいなどである。

尖った口を持つヘビが描かれ、その下に塚の絵、「毒ヘビに噛まれると死にますよ」という意味などである。

それと更に重要なことは、文字には先人が残した知識を集積し、伝承するという機能がある。これにより、人類の文明がしっかり根付き、さらに発展していくことになった。

5－4 寒くなる

　野蛮人の襲撃を撃退して危機を脱したかに見えたが、それを遥かに凌ぐ危機が迫っていた。今から１０万年余り前、このアフリカ一帯が寒くなり始めたのである。

　人々はこの環境の変化に対応すべく、また様々な工夫を始める。幸いなことに人類はそれに対応するための最大の武器、頭脳のレベルアップをすでに獲得していた。

　人々は獣皮や布を組み合わせて厚手の衣服をつくった。今でいうフードつきオーバーコートの様なものである。またハウスの内装に獣皮が張られ、気密性を高めて保温に努める。しかし、一番深刻なのはやはり食料の減少である。森林は後退し、緑豊かなサバンナは徐々にその色を失い、枯れ葉の目立つ荒原に変わり始めていた。

　草食動物は豊かな草を求めて北へ移動を始め、肉食動物もそれを追って姿を消していく。この頃の集落の全人口は５００人を超えていた。狩りによる獲物は減少し、このままでは、とても全員を養うことは出来ない。川での漁労や芋の栽培があるものの、これだけでは足りない。

　衆義が始まる。決まったことは、筏による漁労の範囲を上流、下流に広げることと、畑の拡張、川の下流への食料調達のための調査である。１２人の調査隊が派遣されることになる。調査隊の装備は、小型のツリーハウス（巻き取り式テント）、武器一式、狩猟用具一

式、皮袋水筒、黒曜石の火起こし道具一式、木の実、芋、魚の干物などの食料である。２隻の筏に分乗し、集落の人々の見送りを受け、不安と期待のうちに出航した。

　ツリーハウス集落は、今のケニア北東州にあるインド洋岸から約３００ｋｍ奥まったジャングル地帯にあった。近くを今はないが川が流れており、その川はやがて大きな河に注いでいた。川の流れに乗った旅は順調で、魚釣りや網で魚を捕っては食料にした。日が暮れると筏を岸辺に着け、川辺で野営する。時にはジャングルに入り、狩りをしたり珍しい木の実などを集めた。５日余りの舟旅で無事、海に繋がる河口に達する。現在のケニア・ラム島付近である。
　余談ではあるが、現代のラムは島最大の都市で、旧市街がユネスコの世界遺産に登録されている。
　調査隊にとって特に有難かったのは、「ブル」と火種である。ブルは、うっそうとしたジャングルでも威力を発揮し、思うように獲物が獲れた。火種の方は、昔は松明で火を運び、絶えず燃やし続けなければならなかったが、今は必要な時に、火起し道具で簡単に火をつくることが出来る。最も有用な旅の必需品になっていた。
　ところで彼らが初めて見る海、どのように映っていたのか。多分、「ずいぶん大きな水溜りだな！」と思ったかも知れない。たどり着いた海岸は磯になっていて、そこでツリーハウスのテントを設営して、しばらく留まることにする。さっそく釣り竿や網を持ちだして魚獲りを始める。中には銛を持って潜り、漁をする者もいる。し

ばらくして彼らは気づいた。水の味がおかしい。今まで彼らが味わったことのない味覚だった。知っている味覚は、甘い果実や木の実、時には苦かったり、渋かったり。塩っ辛い味はなかった。あえていえば、怪我の時に出る血の味に似ている。彼らは身体についた塩水を舐めて海を眺めた。

　１９９３年３月、ＮＨＫ総合テレビの番組「ヒーロー列伝」で佐野元治さんは次のように述べている。

　西洋の占いで言うと、僕の星座は「うお座」です。昔から魚とか海とかそういった物には何となく親しみを覚えてきました。海がとても好きです。海岸に立って、向こう側の水平線を真っ直ぐ見ていると、何か普段見えなかったものが色々見えてくるような気がします。僕は十代の頃、よく横浜の海に出かけていました。海岸で波の音を聞いていると、次第に心が安らいできます。生物学者のライエル・ワトソンによれば、人間の中に流れる水は、古代の海の複製なんだそうです。体内を流れている血液の成分を見ても、かつての原始の海の持っていたものと全く同じだということです。言ってみると僕らは、みんな古代の海を抱いて生きているって言えるのかもしれません。海辺で遠い潮騒の音を聞いて心が安らいだのも、考えてみるとそれはきっと人間にとっての遠い故郷の太古の海の音を、聞いているようなそんな気がするからじゃないかと、僕は思います。──

　太古より奏で続けてきた潮騒のように、人の身体に流れる血潮

も、少しも休まず永く未来に流れ続けていくのである。海というものは、人に故郷を思い出させる何かがある。私の出身地も港町の北海道小樽である。小学3、4年だったと思うが、よく海水浴に連れて行かれた。ただ北国の海の水は冷たく、数十分も海につかっていると唇が紫色になり、急いで浜辺に上がって焚火にあたった。また小樽港には明治時代に石炭積み出し用に造られた築港（長い突堤）跡が残っていた。大きいコンクリートブロックの土台だけで、中は空洞でまるで薄暗い地下プールのようだった。それが不気味で、泳ぐことは出来なかったが、父は平気で潜っていき大きな貝を採ってきた。それを浜辺で焼いて食べた味は今でも忘れられない。

　泳げるようになると、港内に停泊している大型船の間を泳ぎ回り、錨の大きな鎖に掴まって休んだ。さらに泳ぎに自信がついて小樽港外にあるオタモイ海岸に出かけた。断崖絶壁や奇岩が連なる景勝地ではあったが、東尋坊の様な自殺の名所でもあった。少し無謀であるが、そこで水泳初心者の年端もいかぬ子供が泳いだのである。引き込まれそうな深い海の青、どす黒い海藻の群れ。

　案の定、海藻に足を取られて溺れる。意識が次第に遠のくなか、最後の力を振り絞ってバタつく。ちょうど海中にあった岩に足が触れ、かろうじてそこに立つことが出来た。九死に一生もの。あとで親に大目玉を食う。とても詩的な世界からほど遠い出来事ではあった。

　調査隊の話に戻るが、海の魚は川の魚に比べてみな大振りで、潮だまりにいる魚は手づかみで獲れた。また貝やカニ、岩に生えた海

藻なども豊富にある。突然、ドドッ！と、岩陰から水の柱がのぼる。彼らは驚いてしゃがみこむ。目をやると大きな波が岩礁にあたり、高いしぶきを上げていた。彼らには、海はまさに生き物のように映ったかも知れない。彼らは子供のように時を忘れて漁に、調査に取り組む。たくさんの獲物が手に入り、いったん休憩、さっそくランチタイム。岩場で火をおこし、獲れたてバーベキューが始まる。魚を串に刺しての塩焼き、巻き貝（サザエ）や平たい貝（アワビ）など、どれもやけに美味しかった。何故だろう。しかし今はどうでもよい、パクつくのみ。しばらくしてまた気づく。皆の身体の表面に白い粉の様なものがついていたのである。

　手につけて舐めてみると塩辛い。彼らが偶然発見した[*19]「塩」という「調味料」だった。これは海の水が身体の表面で乾いて出来たものであることを知る。それからは海から出るたびに身体を乾かし、全員からその粉を熱心に集めだす。滞在期間中に、小さい皮袋いっぱいになり、口を固く紐でしばる。３日間の滞在を終え、収穫物を筏に乗せて帰路につくことになる。しかしこの復路には想像を絶する苦難が待ち構えていたのである。

5―5　苦難の果てに

　２隻の筏が河口からしばらく河を遡った頃、筏が全然進んでいないことに気づく。河が深く竿は使えず、櫂で漕いできたのである

が、だんだん河の流れの方が強くなったのである。カヌーならまだしも、筏では余りにも水の抵抗が大きかった。やむなく筏を陸に着け、陸路で行くことに。かさばる小型のツリーハウス、狩猟用具などは筏と共に放棄する。食料、武器、水筒、火起こし道具、そして採集品など、大事な物は背負い、手に持ってジャングルに入る。これが甘かった。未踏のジャングルにはうっそうとした樹木が生い茂り、蔦や藪などが身体にまとわりつき進行を妨げる。当然、ジャングルには人が通れるような道は無いのである。それともう１つ、方向を見失わないため河に沿って進む必要があった。しかし、湿原やマングローブの林が行く手を阻んだ。

　１日目はすぐに夜になり、火を起こし野営。食事をしているとたくさんの虫が集まってきた。蚊や毒虫に刺されるわ、ヒルのような異様な生物が寄ってくるなど、テントが無いことが今になって響く。２日目には仲間が毒虫に刺されて命を落とすが、どうすることも出来なかった。せめて埋めてやろうにも、穴が掘れない。やむなく遺体を布でくるみ、紐で巻いて横たえた。３日目、食料の魚の干物が腐っている。これは集落から持ってきた川魚で、海の干物は大丈夫だった。有難いことに、水と食料だけは不足しなかった。その後、仲間の何人かは高熱を出し、歩行困難になる。見捨てることも出来ず、その場に留まる。次の日、２人が息を引きとる。今でいうマラリアだった。何と悲しいことか、仲間が次々と倒れていく。遥かかなたの集落の人々の顔が浮かぶ。何としても帰りつかねば。それから２人が死に、集落にたどり着けたのは７人だけだった。けっ

きょく復路は２０日余りを要し、仲間５人を失う苦難の調査行だった。往路５日に比べ、陸路を辿ったとはいえ、いかに壮絶な旅だったかがうかがえる。彼らが元気を回復し、広場で開かれた報告会には全住民が集まった。調査旅のあらましが伝えられ、悲しみと共に彼らの健闘も称えられる。しばらくして、隊員が袋を取り出し、その中の白い粉を披露した。

そして住民１人１人の手に摘まんで配る。中には毛や白いフケのようなものが混じっていたが、住民は意に介さず、喜んで舐めたのである。みんな妙な顔つきである。

この塩を取る方法は、この後、塩の製造に役立てられる。また、海の魚は腐り難いことも知られることになる。

知られているように、「塩」の主成分である塩化ナトリウムは、カルシウム、マグネシウム、カリウムなどの元素と共に細胞の新陳代謝に欠かせないものである。そのほか、体液および水分の保持、血液の酸化防止、消化吸収を助ける、肝機能の維持、殺菌作用など、生命維持には必須の物質である。草食動物は、食べる植物からは塩を取ることが出来ず、岩塩を舐めたり、塩を含んだ土を食べる場所（塩舐め場）を持っている。ちなみに肉食動物は捕食する肉や内臓、骨の髄を食べる。この内臓などには、たんぱく質、脂肪、ビタミンの他に塩分などのミネラルが豊富に含まれている。人類にとって塩の獲得は死活問題で、四大文明、メソポタミア・エジプト・インド・中国文明はすべてが塩の産地であった。

そのうち集落の住民の１人が、以前、狩りで仕留めた野牛を食べ

た時、内臓から土が出てきて、食べてみると同じ味がしたと言いだす。野牛はどこでそんな土を食べたのか。さっそく２回目の調査隊派遣である。荒原の動物はめっきりその数を減らしていたが、野牛の群れを発見する。何日も追跡、観察してついに「塩舐め場」を見つける。これにより、安定的に塩の確保ができ、味付けの幅が広がる。それと共に、塩の腐敗防止機能を利用した食物の保存、そして栄養のバランス面においても、狩猟文化の肉食偏重から、来るべき農耕文化の穀物主体へのシフトが可能になったのである。

　１９９３年の冬、イラン北西部ザンジャーンの塩鉱山でミイラが発見された。調査の結果、このミイラは今からおよそ１７００年前（パルティア帝国末期からサーサーン朝初期）のもので、「ソルトマン」と呼ばれている。

　ここで岩塩を採掘していた際、突然の大地震で生き埋めになったと見られている。ミイラの細胞を分析したところ、「ソルトマン」は新鮮な海産物を食べて育った人物で、恐らく彼の出身地は鉱山から２００〜３００キロも離れたカスピ海の沿岸とのこと。そこから大量の塩ほしさに、はるばるやってきたと考えられる。」（ドイツ鉱山博物館ストルナー博士）　海辺なら、塩はいくらでも手に入りそうなのに、なぜはるばるこの地へ岩塩を掘りにやってきたのか。ソルトマンをとりこにした透明な岩塩を分析すると、当時海水から作り出せる塩よりはるかに純度が高いことが分かった。混じりけのない、その鮮烈な塩味は、最高の調味料として人々を魅了し

たに違いない。命がけでも手に入れる価値があったのだろう。

第6章　さようならアフリカ

　今から約2万年前、最後の「氷河期」が始まり、ツリーハウス集落では最大の危機を迎えていた。この頃の人口は700人余りで、集落は3ヶ所に拡大していた。

　3集落から代表が集まり協議が始まる。どう頑張っても養える人数は500人くらいで、洞窟集落に戻るか、まったく新しい土地を見つけて、集落をつくることしかないという結論になる。この時も真っ先に手を上げたのは、あの「フロンティアグループ」の血を引く子孫だった。最終的に200人弱の住民が移動に同意し、準備に取り掛かったのである。ところが、どこへ向かうかでもめる。さすがに洞窟集落に戻りたいと思う者はなく、動物を追って北に向かうグループと、記録にある、昔川を下って海に向かった跡を辿るグループに分かれた。

6－1　とわの別れ

　結局、2つのグループは別々のコースを行くことになる。海組のリーダーは「フロンティアグループ」の代表である。洞窟からの移住とは違い、今回は又ふたたび再会できるという保障はない。多分、永遠に会えないかも知れない。集落に残る者、度立つ者、それぞれの思いを込めて別れの時を迎えた。集落の人々から、旅立つ一人一

人にあの桜に似た木の枝が贈られる。その小枝には美しい花が香っていた。北組の考え方は分かるが、どうして海組のリーダーは海を目指そうとしているのか。そこには彼なりの計算があった。方位磁針もなく、天文も分からないのに、方向を知ることは出来ない。ただ一つ、太陽だけはいつも決まった方向から出て沈んだ。すなわち、東から出て西に沈むのである。彼は動物の後を追うより、決まった方向へ行く方が、確実に先を読みながら進むことが出来ると考えた。そのために川に沿って海に向かえば、寒くなり始めているものの、海なら獲物も必ずあると踏んだのである。鋭い！ それともう一つ、内に秘めて誰にも話さなかった理由があった。それは"太陽が昇る先へ行ってみたい"という淡い願望だった。

　海組は、昔より大形になった筏１０隻に分乗した１００人余りの集団が静かに岸を離れた。途中、さしたるトラブルもなく河口に無事到着する。昔の記録にある場所と思われる所でテントを張る。辺りにはツリーハウスを建てた時の穴らしきものが残り、貝殻も散乱している。彼らはそれを手に取り、先駆者の勇気ある行動を偲んだ。そこで数日過ごし、十分な食料を確保する。今度は大量の魚の塩漬けもつくられた。いよいよ先へ進む朝であるが、筏を北に向けるか、南に向けるかで迷う。この時期、太陽は北寄りに傾いて顔を出していた。これで決定、「北に向けて海を進もう！」

　一方、北組のグループは荒野を北に向かったものの、なかなか獲物には追いつけず、その日は野営する。不幸なことに、このグループは周囲に川などの水辺もない、まさに荒野の真っ只中を北上し

ていた。頼りの動物の姿も殆どなく、持ってきた食料や水も底を尽き始める。持ってきた狩猟道具も漁猟道具も虚しく、その役を果たさなかった。そうこうしているうちに、次第に落伍者が出始める。身体の弱い子供や女から倒れていった。やがて全滅という悲しい運命が待っていた。いつの時代も、悪しきリーダーに率いられた人々は悲惨である。文字通り「とわの別れ」になってしまったのである。

６－２　北北東に進路をとれ

　一方、海組は今でいうケニアの東海岸の海を、陸から「つかず離れず」の距離を保ちながら、魚を獲っては食料を補給し、天候が悪いと見るや陸に上がって回復を待った。そして、そのついでに狩りをしたり、ココヤシの実を取って中の水を確保した。また果実の内側はココナッツミルクとして栄養価の高いジュースにもなる。心配なトイレであるが、筏の真ん中の丸太が１本少し短くなっており、筏の後端は跨ぎ式トイレになっていて、簡単な目隠しの中で用をたす。時々、朝のトイレラッシュの時など、我慢のできない男たちは海に飛び込んで、筏に掴まりながら用をすます。中にはシャイな男がいて、飛び込んで潜っていった。何事かと見ていると、例のやつが２、３本浮いて来た。追っかけ浮き上がってきた男を見て大笑い。男はキョトン！　“頭隠して尻隠さず”とはこのことか。

ケニアの海岸線は北北東に向けて、北進するほどせり出してい
く。筏は確実に北北東へ進んで行った。出発して６日目の朝、陸地
はジャングルが切れ、美しい海岸線が見えてくる。さすがに筏上の
生活は限界に近づいていた。白砂のゆるく湾曲する海岸で、ココヤ
シの木も林立している。１０隻の筏を海岸に着ける。ここは今のソ
マリアにあたる。岩山の洞窟、川沿いの草原に比べて、ここは今ま
で見たことのない美しく素晴らしい天地だった。さっそく上陸を
開始し、ツリーハウスの建設を始める。真ん中の柱は筏の丸太を使
い、頑丈な２０棟余りのハウスが出来上がる。ここを“ココヤシ集
落”と呼ぶことにする。このココヤシは非常に有用な木で、ツリー
ハウスの外装はこの葉で葺いた。１個の実には約１ $1\frac{1}{2}^{リットル}$ の液状胚乳
が入っている。胚乳はそのまま食べられるが、乾燥させると「コプ
ラ」ができる。のち、これからヤシ油が採られていろいろ利用され
ることになる。果実の繊維を編んで敷物やカゴ、ロープやタワシな
どに加工された。内側の固い殻は、土器に代わる容器として利用さ
れたのである。調べると草原の奥に泉のあることも分かる。

まさに天国のような土地だった。たまに襲ってくる大嵐を除い
ては。ヤシの葉の外装は吹き飛ばされたが、丈夫な柱のお陰で骨組
みはビクともしなかった。

人間とは不思議なものである。いつも外敵や飢えの危機にさら
されながら、必死に野山を駆け回っていた日々、それが今は食物の
心配もなく、日々をのんびり過ごしている。徐々に、勤勉さを失っ
ていった。何かの目標に取り組んでいて、ある日、突然その負担か

ら解放される。それが返って新たなストレスになっていくものなのである。

　これと少しニュアンスが違うが、ある報道で「２００７年問題」を取り上げ、団塊世代の７００万人に及ぶ大量退職時代の労働力不足や、年金問題を扱った番組があった。その中で「第２の人生をどう過ごすか」の問題がクローズアップされ、登場人物の男性が、「毎日が日曜日」をどう過ごすかで四苦八苦していた。趣味で旅行、ガーデニング、料理教室、地域活動などをするが、結局、集中できずハローワークに通い、再就活に取り組んでいた。"ココヤシ集落"の人々も、苦しかったが汗みどろになって過ごした"ツリーハウス集落"時代の、充実した日々を懐かしく思い返していた。そんな中にも、氷河期の影響はここにも徐々に現れ始める。しかし、海洋性気候のため、内陸に比べてその影響は少なかった。おまけに海水の温度が低下しても、今度は寒流の魚類が回遊してきて食料不足を補った。ところでその後、"ツリーハウス集落"はどうなったのだろうか。

６－３　ツリーハウス集落では

　仲間を送り出して以来、集落には何か停滞感が漂っていた。氷河期の進行がそれに追い打ちをかける。内陸部の気象変化は顕著で、森林はますます後退し、枯れて倒木も目立つようになる。移住で人

口が３分の１になったものの、食料の確保に追われる日々が続いていた。荒野にはオオカミやコヨーテ、川にはカメやカワウソなどの姿が。かつての群れをなす動物の姿は遠い過去のものになっていた。勢い、芋などの耕作畑をさらに広げたり、川に架かる浮き橋に網をたらし、一部を空けて一種の「簗漁*22やなりょう」のような方法で魚を獲っていた。またこの頃、サボテンが野菜として食用され始めている。こんな慎ましい生活を続ける集落に刻々とカタスロフィー（破滅）が近づいていた。

　それは前を流れる川の上流、かつて上流に向かったグループが発見した大きな水溜り（湖）で起きていた。湖の周りの木々も立ち枯れて湖に落ち、流木となって川につながる口をふさぎ始めていたのである。湖はダム湖のよう大きな"堰止め湖せき"になって、その水かさが刻々と増していく。破滅へのカウントダウンが始まった。集落の人々は川の水量が少なくなったことを、怪訝けげんそうに眺めていたが、当然知る由もないことだった。雨が降った翌日には必ず川の流れが激しくなるのに、ほとんど変化がない。この時点で、行動を起こしていれば悲劇は防げたかも知れない。しかし今はフロンティアグループは去った後である。どうも腰が重いのである。こんなことが長く続いたある雨の降った翌朝、集落の人々は地響きのような不気味な物音で目覚める。眠気眼で外に出ると、それは川の上流から響いてくる様だった。

　川に行くと水かさがほとんどなく、川底が見えるほど。さすがにこの時点で異常さを感じる。不気味な音は益々大きくなり、居たた

まれなくなった人々は川から離れ、森の方へ後退りする。ハウスにはまだたくさんの人々が寝ていた。次の瞬間、上流から巨大な蛇がのたうつ様に、膨大な量の土石流が、轟音と共に一気に集落を飲み込んだのである。森の方へ後退りしていた人々は、命からがら森の奥へ逃げ込む。昼近くになって集落に戻った人々の目に飛び込んできたもの。流木と共にうず高く積もった土砂だけだった。集落は跡形もなく厚い土砂の中に埋もれたのである。生き残ったのは十数人だけだった。彼らは一瞬にして多くの仲間と、先祖が営々として築いてきたすべてのものを失った。あの輝かしい"ツリーハウス文明"は何と6mを超える土砂に埋まり、地中深くその姿を没したのである。この地域はその後、川も枯れ、さしたる地殻変動もなく遺跡が地上に現れることもなかった。難を逃れた人々はまた洞窟集落に戻って生活を始めたが、覇気を無くし後継者も途絶えて、歴史上からその姿を消している。

　いよいよ"ツリーハウス文明"を引き継ぐ者は、あの"ココヤシ集落"の人々だけとなったのである。

6－4　ふたたび北へ

　"ココヤシ集落"の人々が懐かしく思い返していた、"ツリーハウス集落"はもうない。知るよしもないことではあるが、最も冒険心に富んだ人々が生き残ったことになる。そんなことにお構いな

く、氷河期は全地球的に広がり、その苛酷さを増していく。さしもの"ココヤシ集落"でも顕著な現象が見られるようになる。それは沖に現れた流氷である。彼らにとっては初めて見るものであったが、空気の冷たさといい、海水の温度からも冷たいものであることが分かった。再び挑戦を開始する時が来たことを彼らは悟った。集落の人々には、やはり困難に挑戦する血が脈々と流れていたのである。再びの移動が決まる。彼らの血が騒ぎ出し、武者ぶるいして準備に取りかかった。北側には平原が続いており、もう筏もないことから陸路で行くことになる。これまでのように半数が残り、半数が新たに旅立つ。これも全滅を防ぐための彼らなりの知恵である。これ以降もこの方式は続けられた。重い物は避け、必要最小限の荷物を持つことになる。ただ、骨だけの折り畳みテントだけは運ぶことにする。行く手に何が待っているのか分からない。彼らは海沿いに、今のソマリアを北上し旅を続けた。出産や年老いた人が多くなり、旅の限界を迎えると、居住に最適な場所を見つけて、そこに集落を造った。途中、この当時のアフリカに誕生し、同じように移動する幾つかの集団と遭遇する。しかし、争いは起こらず、氷河期の寒気に追い立てられるように、北へ北へと向かっていった。こんな生活を何代にも繰り返し、数百年の時を経て一団は今のソマリアを縦断し、エチオピア、スーダン、エジプトへ。そしてシナイ半島を東進し、さらに地中海沿いに北上し、イスラエル、レバノン、シリア、そしてトルコの「イスケンデルン湾」に達する。ここから地中海の海岸線は西に曲がりギリシャに向かう。1団はここで一旦前

進を止め、集落を造ることにする。この一帯にはライブオーク（ブナ科の樹木)の森があり、さっそくこの木材でツリーハウスを造る。時が過ぎ、人が変わってもこの1団には先祖伝来の 掟 がある。それは日が昇る“東を目指せ！”である。

　余談であるが、このイスケンデルン湾は歴史的に名を残す所である。紀元前３３３年には、湾の最奥部に位置するイッソスという所で、３万のマケドニア・ギリシャ連合軍がダリウス３世率いる１０万のペルシャ軍と戦う（イッソスの戦い）。海岸に山が迫っているため、３ｋｍ弱の幅しかない隘路になっていた。このときペルシャ軍を破った大王はエジプトに向かって南に進んでいる。イスケンデルンとは、アレキサンダー大王のトルコ語読み“イスケンデル”からきた名前である。

第7章　新しい天地へ

　約１０万年前にアフリカを出たホモ・サピエンス（現生人）は急速に地球上に拡がった。５万年前にはアジア南部、ヨーロッパ、オーストラリアがその居住範囲となった。大型草食獣を追ってアジア大陸を北上していったグループもあった。そして２万年前に最後の氷河期に入ると、彼らは動物と一緒に移動を開始したのである。そんな現生人の中に「クロマニョン人（復元図）[*23]」がいた。

　土地は凍りつき、あたり一面は短い草に覆われ、動物たちはこの厳しい寒さに耐えていく。マンモス、サイなどはふさふさした毛皮に覆われ、トナカイや大角シカは、コケなどを探して食べていた。そんな環境の中でクロマニョン人はヨーロッパ各地で逞しく生きていた。彼らは「トナカイの狩人」と呼ばれている。

7-1 クロマニョン人との遭遇

　１８６８年、南フランスのクロマニョン洞窟で、鉄道工事に際して５体の人骨化石が出土し、古生物学者ルイ・ラルテによって研究され、それ以降、この化石現生人類を「クロマニョン人」と呼ぶようになった。あのネアンデルタール人を「旧人」と呼ぶのに対し、クロマニョン人に代表される現代型ホモ・サピエンスを「新人」と呼ぶ。後期の旧石器時代にヨーロッパに分布した人類で、精密な石器・骨器などの道具を製作し、優れた洞窟壁画や彫刻を残した。また、死者を丁重に埋葬し、呪術を行なった証拠もあるなど、極めて進んだ文化を持っていた。動物を描いた洞窟絵画(ラスコー洞窟の壁画)は有名である。この絵画の最も一般的な題材は馬、鹿など大型の野生動物で、人間を描写したものは珍しく、他に抽象模様などがある。

彼らは主に西南ヨーロッパに住んでいたが、その一派が今のト
ルコ付近にも進出していた。トルコのイスケンデルンに集落を構
えた“ココヤシ集落”の人々は、過去からの先人の遺産を引き継い
で、また立派な集落を完成させた。

　ここを“ライブオーク集落”と呼ぶ。イスケンデルンは周囲の地
形が変化に富み、西に向かっては平地が広がり、湾の東部にはレバ
ノン山脈に連なる小山脈が走っている。幸いにして付近には小さ
な川もあった。またかつての生活が戻ってきた。今度は海も近く、
漁労は川、海の両方で可能になったが、寒冷のため水揚げは相変わ
らず少なかった。しかしその分、少ないなりに平原の動物を狩るこ
とが出来た。この時も威力を発揮したのは“ブル”である。遠距離
から的確に獲物を捕えた。この時期、クロマニョン人はまだ弓矢を
持っていない。主に槍中心の狩をしていた。ある日、ライブオーク
集落から出た狩りの集団が、川が流れる谷あいの茂みで小さな集
落を見つける。この日は偵察程度ですぐ集落にとって返す。

　衆義が持たれる。昔からの記録には、あのネアンデルタール人の
襲撃事件が残されている。どう対処していいものか。しかし、そこ
は平和主義者の人々である。まず、じっくり相手の集落の観察を続
け、間違いない対策を講じることに決する。そこで前例に従って、
偵察隊が派遣されることになる。しかしその一方で、集落の守りも
固められた。今までの防御柵に並行して空堀が掘られ、これが「
環濠」の始まりになる。しかし、物見櫓は造られなかった。余り目

立つことを避けたのである。偵察の結果、自分たちとは違う、少し
変わった小屋に住み、火も使う相当レベルの高い生活をしている
ことが分かった。性格も大人しい様で、かなり整った顔をしている
との報告がされた。そこでまず敵意のないことを示すために、夜間、
羽根のついた「ブル」の矢を添えて、イノシシの獲物と共に相手の
集落の入口に置いてくる。これを２、３日の間隔をおいて数回試み
た。獲物の少ない時期であり、必ずメッセージは届くはずである。

７－２　交流で得たもの

　それから何日か過ぎた珍しく温かい日、いよいよ交流隊が派遣
されることになる。総勢１５人で、これを２つのグループに分け、
１班は５名で交流を担当、２班は１０名で護衛を担当する。１班は
先行して先を歩き、２班は完全武装で、少し間隔をあけて目立たな
いようについて行く。さらに１班は、足を縛ったシカの獲物を棒に
逆さに吊るし、それを２人で担ぎ、手にはブルの矢だけを持ってい
た。ほかに武器などは持たず、いわゆる丸腰である。やがて集落に
近づくと、護衛の班は茂みに隠れて待機する。いざという時には飛
び出す体制である。１班は集落の入口で横１列に立ち、矢を持つ手
を高く上げ、獲物も目立つように前面に掲げる。集落の中は少しざ
わついている様子。しばらくすると、集落からリーダーらしい３人
が近づいてきた。離れたところで、集落の住民が遠目でこちらの様

子をうかがっている。３人は黙って獲物を受け取ると、１人が手で中に入るように促す。メッセージは確かに相手に伝わっていたのである。同伴がいることを手振りで伝え、２班も無事、集落に入ることが出来た。大きな焚き火のある広場の真ん中に案内され、その周りを住民が囲んでいる。色とりどりの果物や葉に盛られた焼肉などがご馳走として出された。住民は歓迎の意を表すのか、太鼓に合わせて踊り始める。

　交流隊の面々は、かつてこのような太鼓や踊りを見たことはない。不思議な面持ちで眺めていたが、心はなぜか高まる思いだった。だが、言葉は未発達でお互い通じ合わない。あるのは昔ながらの手振り身振りである。しかし幸いなことに、この２つの人種はすんなり交流することが出来た。それほど２つの文明度は近かったのである。和んでくるに従い、相手はブルのことに興味を示した。何本かの、獲物に添えたブルの矢を大事に持っており、何に使うかを聞いてきた。武器であることは分かっているようだが、どう使うか知らないようである。そこで実演することになる。広場の住民を後方へ下げ、ご馳走で出されていた大き目の果物を、前方に立てた杭の先に刺した。交流隊の中から、ブルの名手が弓を射ることになる。息詰まる一瞬・・・。「ビュー」、矢は勢いよく的に当たり、果物は見事に飛び散った。住民から歓声と拍手が沸いた。この拍手も初めて聞くものだった。楽しい交流もアッと言う間に過ぎ、別れの時が来た。帰り際、手を握って（握手)きて、相手はブルを欲しがる。土産に３本のブルを贈り、また来ることを約して集落を後にした。

ライブオーク集落に戻った交流隊は、詳しく集落の様子を話した。交流隊からは異口同音に“心の豊かさや深さ”を感じ、また、顔の掘りは確かに深く、整った顔立ちの人が多かったとの印象が語られた。特に太鼓や踊り、拍手や握手の習慣に戸惑ったり、感動したりしたとのこと。この交流により、ライブオーク集落の人々に欠けていた精神文化の面でも、向上がもたらされていくのである。

7－3 アガペとアシュクム

　それからしばらくして２つの集落の交流が始まった。互いの集落を訪問し合い、親交を深めていく。ライブオーク集落からは「火打石」が紹介され、かつてツリーハウス集落で起きた驚きがここでも起こる。ほかの文化的な違いは余りなく、２つの文化は融合し合い、より質を高めていった。そんな中、１つの“恋物語”が生まれる。

　ことの次第はこうである。

　ライブオーク集落には「アガペ」という美しい少女が、クロマニョン人の集落には「アシュクム」という優しい若者がいた。２人は集落の交流を重ねるうちに知り合い、互いに惹かれるものがあり、親しくなっていく。アガペは編み物が得意で、自分の着る物は勿論、家族の物や、乞われると集落の人の物まで作る子だった。一方、アシュクムは生まれつき身体が弱く、狩りの時などは余り活躍でき

なかった。しかし、絵を描くことが好きで、岩壁や木板に動物や狩りの様子などの絵を描いていた。2人はお互いに贈り物を交換し合い、アガペからは腰に付ける物入れ袋（今のウエストポーチ）などの編み物、アシュクムからは木板に描かれたアガペの絵（今のフォトフレーム）がプレゼントされる。2人の純愛は少しずつ深まっていった。

　ところで太古の愛の形とはどんなものだったのか。ものの本にはつぎのようにある。

　40億年にわたる戦いの中で生き抜いてきたものは、死ぬ前に子孫を残さねばならず、中でも魅力的な容姿と力を兼ね備えたものが支配者となる。雄と雌の意識は全く異なるため、戦いが絶えず、雄はより多く交尾するために競い合うが、雌は相手の数ではなく質に重点を置く。異性を求めるのは、性ホルモンの働きによる本能だ。しかし不思議なことに、イヌやチンパンジーでさえも特定の相手を好きになる。ということは、原人であるピテカントロプスは、私たちと同じように、相手を選んで異性を好きになったはずだ。恋心は100万年以上も不変。しかし片思いのままで、何年間も過ごすことはなかっただろう。つまり、気持ちをすぐ行動にあらわした。最近の若者も似ているらしいが・・・。

　私はイヌに良く吠えられるが、イヌに嫌われているのだろうか、ただ雄か雌か定かでないが。

ともかく、2人の仲は周りも認める、清々しく愛らしいものだった。そんな2人の間に不幸が襲いかかる。アシュクムの集落が夜襲を受けて、彼も大怪我を負ってしまったのである。この当時、ヨーロッパを中心に勢力を広げてきたクロマニョン人は、氷河期の影響を受けて移動してきた各種族と各地で衝突し、そのつど打ち勝ってきた。そのため恨みを持つ種族から反撃を受けたのである。あのネアンデルタール人も2万数千年後に絶滅している。急いでアガペが駆けつける。重傷であるが、この集落には薬の様なものはなかった。その分で言うと、ライブオーク集落の方が進んでいた。アガペは取って返し、父親に相談し、父親はライブオーク集落の長老に相談する。昔の記録に、傷に効く薬草の絵が載っていた。もちろん写真などない時代、絵も幼稚なもので、白い花が咲くとだけ象形文字で書かれていた。それ以来、雨の日も風の日も、アガペは毎日のように野山に出かけ、必死にその花を探し求めた。初めのうちは父親も同行していたが、そのうち1人で行くようになる。そして足しげくアシュクムのもとへ見舞に通う。しかし、花の方は一向に見つからず、似た花を持ち帰って食べさせたり、すり潰して傷口に塗ったが効き目はなかった。この花は「オウレン（黄連）」と呼ばれる傷に効く薬草植物で、雪が残る山裾に咲く。温かい地方では、1月頃から見られるキンポウゲ科の多年草草本である。小さな白い花を咲かせる。ただ不運なことに今は暖かい季節で、氷河期の寒冷が発芽を呼び起こすかがカギとなっていた。

　こんなアガペの日課が何日続いたろう。雪が降り寒い日が増え
てきた。しかしアガペは厚いフードつきの外套（がいとう）を着て、親が止める
のも聞かず、「今日は海の方を探してみる」との言葉を残して出か
けた。そしてついに河口付近の崖で、それらしい花を見つける。急
いでアシュクムの集落へ。しかし彼の小屋に着くなり倒れる。身体
がぐっしょり濡れ、寒さに震えている。大変な高熱で、そのまま彼
の小屋でアシュクムと共に病床に伏せてしまう。その花は確かに
オウレンだった。さっそく傷口に塗られたが、化膿がひどく危険な
状態に。2人は病床越しに互いの病を気遣い、励まし合ったのであ
る。ライブオーク集落から家族が着いて2日後、アシュクムが息を
引き取る。間近で愛する人の死を見るなんて・・・、アガペの嘆き、
悲しみはいかばかりか。次の日の朝、アガペの姿が無いことに気づ
き、集落の人々も加わり捜索される。察した父親は海に面する河口
の崖に急行する。崖の上にはアシュクムから贈られた絵が置かれ、

崖下から彼女の亡き骸が発見される。崖の上には白い花をつけたオウレンが、アガペのように愛らしくひっそり咲いていた。

　ちなみにオウレンの花言葉は「変身」である。きっとアガペはオウレンとなって天国でアシュクムの傷を癒していることだろう。未だ熱き血潮も知らぬまま、2人の若い命は天国に旅立っていった。2人は同じ墓に葬られ、塚には彼女の絵と、アシュクムの持っていた物入れ袋が供えられた。太古に残る悲恋の物語である。ところで「アシュクム（トルコ語）」という名前も、「アガペ（ギリシャ語）」という名前も、ともに"愛"を意味する言葉で、隣接する2つの国にそれぞれその名前を留めている。特に「アガペ」は、好き嫌いを超越した愛を言い、自分を犠牲にしてでも愛する人のために最善を尽くすという、至高の愛をいう意味である。

7－4　新たな旅立ち

　クロマニョン人との交流で、ライブオーク集落の人々も彼らの精神文化に触れることが出来た。

　クロマニョン人文化の代表の1つが、洞窟に残された壁画である。フランス・ボルドーにあるラスコー洞窟やスペインのアルタミラ洞窟などが知られ、ともに世界文化遺産になっている。その中で特にアルタミラ洞窟は有名で、実に930もの壁画が残っている。

　この壁画は、1万数千年前の旧石器冶時代末期のクロマニョン人によって描かれたもので、牛や馬などの動物、弓矢で狩りをする様子が描かれている。この弓矢こそライブオーク集落の人々が伝えた「ブル」を元に、その後クロマニョン人が改良して弓矢を発明したものである。伝えたものにもう1つある。驚きをもって迎えられたあの「火打石」である。しかし、贈られた数は少なく、使い切

ってしまうと、同じものを求めて捜されたが見つからず、それに代わる「フリント」という石が使われた。[*25]

　かくして、クロマニョンの人々の見送りをうけ、再び東を目指す過酷な旅が始まった。今は真東を目指して進むしかない。トルコの隣はイラクである。イラクからイランのカスピ海の南を通り、さらにユーラシア大陸を東進、アフガニスタンからパキスタンに入る。ここで2つの山脈の間を抜けるため、南下してインドに入る。ここまでに何代も人が代わり、さらに数百年を要している。

　そしてインドのボパールというところに到着する。

　ここは現在のインドのマディヤ・プラデーシュ州の州都である。余り馴染みのないところであるが、インドの首都ニューデリー真南５７０ｋｍのところにある。１９８４年に発生した世界最悪の化学工場事故で悪しき名が知られている。ここでは集落を造らず、移動用のテントでキャンプ生活を送る。ここにも少数民族が住んでいて、互いの文化交流をして数年の後、ここを離れている。そしてさらに東に向けて旅を続けるが、これ以降、集落は造らずノンストップの旅を続ける。これが後々、ラッキーをもたらす。近年、このボバールの南約５０ｋｍの丘の上で、約１万年前と思われる岩絵が発見された。「ビームベートカーの岩陰遺跡」と呼ばれる岩壁で見つかる。

　この岩絵の中に不思議な絵（中央矢印部分）があることが分かった。弓のようにも見えるが、正確なところは判らない。しかし、あのツリーハウス文明を、今に伝える唯一の痕跡であることを知る

者はいなく、ただ謎のまま永く時を刻んでいる。

　インドのポパールを、その後は数十年というハイスピードで旅が進む。そしてついに長大な遠征の旅は終焉を迎える。インドからミャンマー、中国を抜けてやがて朝鮮半島に達する。氷河期はこの頃は「末期（洪積世＝約１５万年〜１万年前）」[※26]に近く、日本列島と朝鮮半島は辛うじて陸続きであり、日本列島はユーラシア大陸の東終端に当たっていた。そしてついに日本列島に至る。この先はもう太平洋である。少しでも遅れていたら、海面上昇で日本列島に渡れなかったのである。後々、この東を目指した集団は“日の本（もと）を目指す人（日本人）”と呼ばれ、勤勉で、忍耐強い民族として知られるようになる。

　日本列島で初めて集落を造ったのは、今の青森県である。この時すでに日本列島には太古からの先住民がおり、その後、徐々に同化が進んでいく。近年、青森県津軽半島の東側、ほぼ中央部にある日本最古の遺跡・蟹田町（かにた）（現外ケ浜町）の「大平山元遺跡（おおだいやまもと）」が再調査

され、旧石器と縄文時代の複合遺跡であることが判った。この遺跡から、石製ナイフなどの石器と一緒に、新しいタイプの石鏃（弓矢の遺物はない）や、土器の破片2点が出土したのである。異なった時代に属する石器と土器が同時代に、しかも同じ地層から出土するというケースは、もちろん国内初とのこと。なお、外ケ浜町は桜の名所としても有名。この時から日本列島には「本格的な縄文時代」が始まるのである。最後の氷河期は今から約1万年前に終わった。とにもかくにも、この民族は日本列島にたどり着き定着したのである。

第8章　進化の先へ

　石器時代以降の歴史は、今から1万4千年前に始まった縄文から弥生の原始時代を経て、古代、中世、近世、明治維新の近代と続き、大正、昭和、平成、令和の現代に至る。そしてヒトザルから始まる猿人、旧人、新人としての現生人（ホモ・サピエンス）へとたどり着いた。

　人類は、果たしてこの先も進化していくのか、はたまた絶滅へと向かうのだろうか。

8－1　新たな危機

　2019年4月、米科学アカデミー紀要（PNAS）は次のような研究論文を発表した。少し長いが概要を引用する。

　地球には過去5回の大量絶滅時代があり、次の第6の絶滅時代が迫っており、その到来は従来の予想よりずっと早い。原因はすべて"人類の活動"にある。すでに人類は数百種の生物を地球上から消し去り、さらに多くの種を絶滅の瀬戸際へと追いつめている。こうした状況は野生動物の売買や環境汚染、生息地の喪失、有毒物質の使用などによって生じたもの。

　論文の著者の一人であり、メキシコ国立自治大学で生態学を研究するヘラルド・セバジョス・ゴンサレス教授によれば、

２００１年から１４年にかけて世界では約１７３種の生物が絶滅した。これは通常考えられる絶滅速度の２５倍のペースだ。過去１００年間で４００種類を超える脊椎動物が絶滅したことになる。通常の進化の過程でこれだけの数の絶滅が起こるには最長で１万年かかる。過去５回の大量絶滅では、１回につき動植物や微生物の７０〜９５％が絶滅している。６６００万年前に起きた直近の大量絶滅では、恐竜が地球上から姿を消した。

　こうした従来の大量絶滅は、大規模な火山の噴火や隕石の衝突といった環境の激変によって引き起こされたもの。現在すでに起こりつつある第６の大量絶滅は、これまでと異なり、人類の存在に起因するものだ。

　さらに同教授は、

　「全面的に我々の落ち度だ」　絶滅が危惧される種の生息地の多くは同一の地域に集中しており、個体数の激減は人間の影響によってもたらされた。いったん大量絶滅が起きると、種の数を回復するには数百万年単位の時間を要する。

　絶滅は"人類の活動"に原因があり、「全面的に我々の落ち度だ」と述べている。過去の絶滅の原因は自然からのものだったが、今回は"人類の存在"自体が原因で、もう回復は不可能だと。

　また、古生物学者の「更科功」さんは自著『絶滅の人類史』（ＮＨＫ出版新書）で次のように述べている。

　人類はホモ・サピエンスの他にも２５種類以上いたらしい。それが全部絶滅してしまって、現在ではぼくたちだけが残っている。な

ぜ生き延びたのか？　進化論的に考えると人類は絶滅して当然だった。弱肉強食の生存競争を生き抜くためにはあらゆる点で劣っていた。

　喧嘩は弱いし逃げるのは遅い。敵を倒すための牙も爪もない。現に２５種類以上いた仲間はみんな絶滅している。森を追い出されたサル目のなかで、ホモ・サピエンスと呼ばれる一群だけがかろうじて生き延びた。なぜだろう？　正解は子どもをたくさん産むことができたからである。・・・お母さん一人で大勢の子どもの面倒は見られない。おじいちゃんもおばあちゃんも、みんなが協力した。お父さんは家族に食べ物を運ぶために直立二足歩行をはじめた。もちろん初期人類の話だから、お父さんやお母さんや家族といった言葉や概念はなかったにしても、ぼくたちの祖先が助け合い、支え合っていたのは間違いないようだ。協力して苦難を乗り切る術を知っていたのである。そこがネアンデルタール人との違いだった。つまり絶滅の運命にあった二十何種類かの人類のうち、ただ一種類において、どういうわけか"助け合いの精神"が芽生えた。それがヒトになって、いまは人間と呼ばれている。なんだか勇気づけられる話ではないか。

　人類絶滅を乗り越えるには当然、子孫を残すことであるが、その中での特に"助け合い、支え合い"の重要性を強調している。とにもかくにも、人類はもう一段の進化をしなければならない。

　「ホモ・サピエンス」とはラテン語で「知恵ある者」という意味

であるが、進化においてその頭脳から生み出された"知恵"が大きく貢献したことは間違いない。しかしその一方で、その知恵の一つである「核」という武器が、人類を絶滅へと追いやろうとしていることも確かである。"常に身に迫る一触即発の危険な状態"を言う「ダモクレスの剣」どころか、すでに世界は"キルオーバー"(過剰殺戮)の状態にある。核保有国間の軍備競争の結果、世界の全人口を何度も全滅させる量の核兵器が生産され、なんと地球に住む1人1人の頭上に80tの爆弾がぶら下がっている状態。確かにホモ・サピエンスは人類に数々の幸福をもたらしたが、同時に地獄へと導く力も獲得してしまったのである。絶滅を止めるも進めるも、"人類の活動"次第にあるという。であるなら、人類が協力して絶滅を回避する行動を開始しなければならない。

8-2 絶滅を止めるカギ

あのツリーハウス集落を発った"フロンティアグループ"や"パイオニアグループ"など、「進取の気風に富む」人々の子孫は日本人である。幾多の困難に直面しても解決の方法を粘り強く探り、逞しく試練を乗り越えてきた。いま再び立ち上がる時が来たのである。しかし、今度は全人類が相手、まともに相手にしてくれるのか。

果たして世界は日本をどう見ているのか気になる。

　２０１５年１０月１１日に放送されたフジテレビ「Ｍｒ.サンデー拡大スペシャル」世界で熱狂なぜ？"世界一貧しい大統領"日本人への感動の言葉」という番組が放送された。

　その人とは南米ウルガイの哲人政治家「ホセ・ムヒカ大統領」[*29]（写真）である。番組のインタビューに対し、感動のメッセージを寄せている。

　○「世界一貧しい大統領」と呼ばれることについて？

　「私はみんな豊かさというものを勘違いしていると思うんだよ。大統領は"王家のような生活"、"皇帝のような生活"をしなければいけないと思い込んでいるようでね 。私はそうは思わないんだ。大統領というのは多数派の人が選ぶのだから、多数の人と同じ生活をしなければいけないんだ。国民の生活レベルが上がれば自分もちょっと上げる。少数派じゃいけないんだ」

○本当の貧困とは？

「貧乏とは少ししか持っていないことではなく、限りなく多くを必要とし、もっともっとと欲しがることです。ハイパー消費社会を続けるためには、商品の寿命を縮めてできるだけ多く売らなければなりません。１０万時間持つ電球を作れるのに、１０００時間しか持たない電球しか売ってはいけない社会にいるのです。長持ちする電球は作ってはいけないのです。もっと働くため、もっと売るための使い捨て社会なのです。私たちは発展するために生まれてきたわけではありません。幸せになるために地球にやってきたのです」

○社会を豊かにするには？

「５０年前の私たちは富を平等に分配することによって世界をより良くできると考えていたんだ。でも、今になって気付いたのは、人間の文化そのものを変えないと何も変わらないということだ」

○ネクタイ嫌いの訳は？

「我々もイギリス紳士のような服装をしなければならない。それが世界中に強制されたものだからです。日本人ですら信用を得るために着物を放棄しなければならなかった。みんなネクタイを締めて変装しなければならなくなった」

○日本人が失った魂とは？

「人間は必要なものを得るために頑張らなきゃいけないときもある。けれど必要以上のモノはいらない。幸せな人生を送るには重荷を背負ってはならないと思うんだ。長旅を始めるときと同じさ。

長い旅に出るときに、５０ｋｇのリュックを背負っていたら、たとえ、いろんなモノが入っていても歩くことはできない。よく分からないけど、１００年前、１５０年前の日本人は私と同意見だったと思うよ。今の日本人は賛成じゃないかもしれないけどね」「ペリー提督がまだ扉を閉ざしていたころの日本を訪れた時の話さ。当時の日本は『西洋人は泥棒』って思っていた時代だね。あながち間違いではなかったけど、賢い政策で対応したとは思うよ。西洋にある進んだ技術に対抗できないことを認め、彼らに勝る技術をつくろうと頑張ったんだ。そしてそれを成し遂げてしまった、実際にね。でもそのとき日本人は魂を失った」

　○今の日本について？

　「産業社会に振り回されていると思うよ。すごい進歩を遂げた国だとは思う。だけど本当に日本人が幸せなのかは疑問なんだ。西洋の悪いところをマネして、日本の性質を忘れてしまったんだと思う。日本文化の根源をね。幸せとは物を買うことと勘違いしているからだよ。幸せは人間のように命あるものからしかもらえないんだ。物は幸せにしてくれない。幸せにしてくれるのは生き物なんだ」「私はシンプルなんだよ。無駄遣いしたりいろんな物を買い込むのが好きじゃないんだ。その方が時間が残ると思うから。もっと自由だからだよ。なぜ、自由か？　あまり消費しないことで大量に購入した物の支払いに追われ、必至に仕事をする必要がないからさ。根本的な問題は君が何かを買うとき、お金で買っているわけではないということさ。そのお金を得るために使った『時間』で買っ

ているんだよ。請求書やクレジットカードローンなどを支払うために働く必要があるのなら、それは自由ではないんだ」

○幸せに、自由に、物を欲しがらない生活は可能ですか？

「とても難しいね。君が日本を変えることはできない。でも自分の考え方を変えることはできるんだよ。世の中に惑わされずに自分をコントロールすることはできるんだ。分かってくれるかな？君のように若い人は。恋するための時間が必要なんだ。子どもができたら、子どもと過ごす時間が必要だし、友達がいたら友達と過ごす時間が必要なんだ。働いて、働いて、働いて、職場との往復を続けていたら、いつの間にか老人になって、唯一できたことは請求書を支払うこと。若さを奪われてはいけないよ。ちょっとずつ使いなさい。そう、まるで素晴らしいものを味わうように、生きることにまっしぐらに」

○学校をつくる夢、その先の目標は？

「私がいなくなったときに、他の人の運命を変えるような若い子たちが残るように貢献したいんだよ。本当のリーダーとは、多くの事柄を成し遂げる人ではなく、自分をはるかに越えるような人材を残す人だと思うから」

○日本の人々の印象は？

「とても親切で、優しくて、礼儀正しかった。強く印象に残ったのが、日本人の勤勉さだ。世界で一番、勤勉な国民はドイツ人だと、これまで思っていたが、私の間違いだった。日本人が世界一だね。たとえば、レストランに入ったら、店員がみんな叫びながら働いて

いるんだから」

　○「世界幸福度ランキング」、日本は５３位ですが？

　「東京は犯罪は少ないが、自殺が多い。それは日本社会があまりにも競争社会だからだろう。必死に仕事をするばかりで、ちゃんと生きるための時間が残っていないから。家族や子どもたちや友人たちとの時間を犠牲にしているから、だろう。働き過ぎなんだよ」

　「もう少し働く時間を減らし、もう少し家族や友人と過ごす時間を増やしたらどうだろう。あまりにも仕事に追われているように見えるから。人生は一度きりで、すぐに過ぎ去ってしまうんだよ」

　○日本の子どもたちへのメッセージは？

　「日本にいる子供たちよ。君たちは今人生で最も幸せな時間にいる。経済的に価値ある人材になるための勉強ばかりして早く大人になろうと急がないで。遊んで、遊んで、子供でいる幸せを味わっておくれ」

　インタビューでは、社会を変えるには「人間の文化そのものを変えないと何も変わらない」、「君が日本を変えることはできない。でも自分の考え方を変えることはできる」など、示唆に富んだメッセージと共に、日本人に対して大きな期待も寄せている。

　イギリスの『エコノミスト』誌（２０１９年版）が各国の平和度を相対的に指数化して発表している。

　○平和度指数順位

1.アイスランド　2.ニュージーランド　3.ポルトガル　4.オースト

リア　5.デンマーク　6.カナダ　7.シンガポール　8.チェコ　9.日本　10.アイルラド・・・

　このほか、治安、教育、衛生、「民度」などの指数も発表しているが、やはりこれらの要素を総合して判断する、その国の好き嫌いの好感度が重要のように思われる。個人レベルではなおさらである。

　国際コンサルティング会社のレピュテーション・インスティテュート社が毎年ランキング形式で各種国別評価調査（２０１８年度）を公開している。調査は例年通り、主として主要８か国（Ｇ８：アメリカ、イギリス、フランス、ドイツ、イタリア、カナダ、ロシア、日本）の国民を対象に行われている。なお、評価の対象として選ばれているのは、ＧＤＰが高く、なおかつ、一定数以上の認知度がある上位５５か国とのこと。

　○好感度順位／国／評価スコアの比較
　１.スウェーデン（81.7）　２.フィンランド（81.6）　３.スイス（81.3）４.ノルウェー（81.1）　５.ニュージーランド（79.9）　６.オーストラリア（79.6）　７.カナダ（79.2）　８.日本（77.9）　９.デンマーク（77.7）　10.オランダ（76.7）・・・　　　　　13.イタリア（75.0）・・・16.イギリス（72.0）・・・18.フランス（69.3）　19.ドイツ（68.5）・・・31.韓国（58.5）・・・35.アメリカ（56.4）・・・45.中国（47.7）・・・52.ロシア（38.1）・・・

全体を通して北欧の国が比較的高い評価を受けているが、アジアでは唯一、日本（8位）が"良い"のクラスに選ばれている。

　それともう一つ、喜ばしいレポートがある。２００９年に書かれたＷｅｂ記事に、「日本人が知らない日本人に対する世界の期待」というのがある。

　このエッセーのタイトル「世界の日本化」は日本人の意思とは無関係に、自然の成り行きとして日本化という方向へ世界が動くという。しかし筆者はもっと積極的に、日本人は世界を日本化させなければならないという意味も含めたい。世界の人たちは、意識をするしないにかかわらず、日本的な精神をうけいれようとしている。

　これを、日本人が積極的に後押しするならば、日本の国際的な立場が強まるばかりではない。世界に安定と平和をもたらすために、日本人は大きな貢献をすることができる。大げさに言えば、人類史において、日本人が一つの時代を作り上げることが可能になる。勿論、海外での高い評価を知ったからと言って、うぬぼれてはいけない。「うぬぼれることのない日本人」が、世界視野で見たときに、日本人の突出した長所になる。日本人に対する、世界からの期待を客観的に知ることは、世界をリードするための最初の一歩になる。日本人が世界に対する自らの役割を果たすならば、先が見えなくなっている世界に、希望をもたらすことが出来る。各種評価堝キングでも常に日本は上位ランク。例えば、世界平和度指数で5位、Ｇ8の中で断然トップ。

「ビジョン・オブ・ヒューマニティ」という国際機関と、エコノミスト誌の調査部門が協力し、１４０カ国の政情や治安状況を分析する世界平和度指数がある。２００８年度版では、日本は前年と同様に５位になった。１位アイスランド、２位デンマーク、３位ノルウェー、４位ニュージーランド、５位日本で、上位は北欧勢が占めた。５位というランクは、１１位カナダ・・・１４位ドイツ・・・３６位フランス・・・４９位イギリス・・・９７位アメリカなど、大国のランクは日本よりもはるかに低い。とは言っても、民主主義のレベルやメディアの自由度は、最悪の評価になっている。日本にも改善すべきところはいっぱいあるのである。全体的に見れば、日本の国際的な評価は極めて高いと言える。特にＧ８のような大国の間だけで比べれば、日本は抜きん出て高い評価を受けている。いささか自虐的な日本人からすれば、このように高い評価を受けていることは、予想外なはずだ。日本に対する高い評価は、世界が日本人の貢献に期待をしている、と読み替えることが出来る。日本人は劣等感を捨てていいのだ。それどころか、積極的にリードできる外部環境が、既に整っている。

　「人類史において、日本人が一つの時代を作り上げることが可能になる」とは、何と嬉しく励みになる言葉か。

８－３ 新人類の誕生

　確かに人類は頭脳を進化させて“ホモ・サピエンス”に達した。しかし考えてみと、その中身である“心”という精神面でも同じように進化させてきたか、いやむしろ、退化しているのではないか。

　最新の脳科学によると、人が怒り、妬み、恨み、恐れ、不安などのネガティブな感情を持つと、脳内には「コルチゾール」という物質が分泌される。この物質が過剰に分泌されると、海馬が萎縮して記憶力や脳の働きが低下し、心身ともに悪影響が出る。一方、笑顔や感謝、前向きな心などポジティブな感情を持つと、脳内には「βーエンドルフィン」や「ドーパミン」といった「脳内快感物質」と呼ばれるものが分泌される。これにより多幸感や快感がもたらされ、記憶力や免疫力、共感力が高まるなど、脳が活性化されるという。

　ただ、この２つの感情は微妙で、例えば競争の際など、前向きな心が高じて相手を恐れたり、妬んだりする感情が出がち。この時は返って「ドーパミン」（脳内麻薬とも呼ばれる）の過剰分泌で脳と心に悪影響を与える。それでは愛情はどうだろうか。夫婦や恋人同士、母性愛など、人への愛情に基づく感情は、脳内に「オキシトシン」（愛情ホルモン）という物質を分泌させる。

　これにより信頼感や団結力の度合いが高まり、記銘力も向上する。記銘力とは、記憶力のうち、新しいことを覚える力のこと。他者への前向きな愛情の高みに「利他の行動」がある。すなわち、世のため人の為に尽くすボランティア活動である。この時、脳の内側

前頭前野（社会脳）と呼ばれる部分が活発に活動する。見返りを求めず、誰から褒められなくても、自分で揺ぎない達成感や幸福感を持つことができる。これはボランティア精神の真髄であり、この「社会脳」はまさに"ボランティア脳"と呼ぶに相応しいものとなる。

　また別の研究で、どのようにヒト特有の利他的行動が進化したのか、進化生物学などで研究されている。ＭＲＩなどの測定方法により、利他的行動を行っている時の脳活動が測定されている。他者を助けることが自分の喜びになるという感情が利他的行動を支えているという。この感情のほかに、"自分の評判を良くしようという動機"も利他的行動を促すことが知られている。他にも利他的行動を促すメカニズムとして"共感"が上げられる。困っている他者を見てその他者の痛みをあたかも自分の痛みのように感じ、助けてあげたいと思うような場合である。他人を助けることという、自分にとって気分のいいものではないのに、それを「気持ちいい」と感じる仕組みが、ほぼすべての人に備わっている。たとえば、ボランティアをはじめ、人の役に立つことをすることに気持ち良さを感じる。でも、なぜ気持ちいいのか？　脳の仕組みがそうなっているから。では、なぜそんな仕組みが脳に備わっているのか？　答えは、そんな仕組みがあるほうが「生存確率」が高くなるから。自己犠牲であるにも拘わらず、自分が損をする行動を取ったほうが生き延びるのに有利だったということ。ここでいう、生き延びるというのは、個体として生き延びるのではなく、種として生き延びるということ。そういうなかで、「いい奴」だと思われたいという気

持ちを利用して、人類という生物種は生き延びてきたのである。だからこそ、人間にとって利他的な行動はとても気持ち良くなくてはならないのである。

　つい最近、「スマホで幸福度チェック」というＷｅｂ記事を見つけた。日立製作所フェロー、未来投資本部　ハピネスプロジェクトリーダー　工学博士・矢野和男さんの研究で、記事には次のようにある。
　・・・根本的な人間の良い状態・悪い状態を表す指標とは、「幸せ」なんじゃないかと思ったわけです。
　それから私は、幸せになれる１２個の行動習慣を書いた本『幸せがずっと続く１２の行動習慣』を執筆したカルフォルニア大学のソニア・リュボミルスキ先生と、「フロー」を長年研究している心理学者のチクセント・ミハイ先生に会いにアメリカへ行きました。人の幸せについて最先端の研究をしているお２人とは、ハピネスに関係する共同実験も行いました。幸せには大きく分けて３つの要因があります。１つは遺伝的な要因や幼児体験などの影響で、大人になってからはなかなか変えられない、「固い」部分です。２つには環境的要因にあって、これは置かれた環境から与えられるもので、ボーナスが上がったり、宝くじがあたったり、ＳＮＳで「いいね」が沢山ついたりしたときに感じる幸せです。その瞬間は嬉しいのですが、あっという間に元のハピネスレベルに戻ってしまいます。こちらは「柔らかい」、持続的ではない幸福です。実は環境から与えられる幸せは非常に脆いものなんです。
　遺伝的要因は変化がしづらく、環境要因は変化はするけれど幸

せが続かないのですね。そこで3つめの幸せが登場します。これが「持続的な幸せ」です。我々は、日々のちょっとした習慣や行動によって幸せになることができるんです。それでは持続的な幸せを手に入れるにはどうすればいいのか？その答えのひとつが「周りの人を幸せにする行動習慣を身につけること」なんです。

たとえば「落とし物を拾ってあげる」「ユーモアで相手を和ませる」など、ちょっとした心がけで行える「利他的な行動」が「自身の幸せ」を得る最も有効な手段であることがわかってきました。とある実験で2万8千人を対象に「今、どんな気分ですか？」というシンプルな質問を行った結果が報告されています。

その中で、「今の気分はいまいちです」と答えた人は、その数時間後にどのような行動をとったかと思いますか？　散歩や気晴らしに時間を使っていました。一方で、「今の私はハッピーです」と答えた人は、「大変で、面倒くさくても、大事なこと、やるべきこと」に時間を使っていたのです。つまり、幸福度が高い人は自分を変革するような、チャレンジングな行動をとるようになるのです。幸せが挑戦の源になっていると。人が積極的に挑戦するには、「精神的な原資」が必要であり、その源になるのがハピネスなのです。組織運営において非常に重要な指標になると考えられます。ハピネスは専門的な機器を使わずとも、今はスマホで測定できます。スマホの加速度センサーのデータで「その人が周りの人を幸せにしているか」を、体の動きでわかるようになったのです。

体の動きでわかるとは、どういうことか？　日常生活において人間はずうっと動かないことはありません。頷いたり、揺れていたり…と何かしらの動作が時々起きています。我々が行った実験にお

いて、複数の職場の計４６８人に「今週幸せな日は何日ありました
か？」「孤独だった日、楽しかった日はどのくらいでしたか？」な
ど、幸せに関する計２０の質問をして、１問につき０～３点で採点
してもらったんです。この採点により、６０点満点で職場ごとの平
均点数が出るので、点数が高いとハッピーな職場、低かったらアン
ハッピーな職場と、組織の幸福度を数値化しました。そこにスマホ
で測定した体の動きのデータを照らし合わせれば、良い状態の職
場の動きの特徴、悪い状態の職場の動きの特徴がわかる。随時「あ
なたは幸せですか？」とアンケートを取らなくても、動きを見るだ
けで職場がハッピーかそうではないかがわかるようになったんで
すよ。人間の細かい動きでわかるんですね。詳しく調べると、動き
にバラつきが大きい人の周りには、幸せと感じている人が多いこ
ともわかったんですよ。加えて、会話も発言も双方向にしている傾
向もありました。このような傾向を踏まえてメンバーの体の動き
を分析するだけで、組織が良い状態かどうか、組織の健康診断のよ
うにわかるのですよ。体の動きは、『ハピネスプラネット』という
アプリをダウンロードすれば測定できるようになります。また、こ
のアプリは体の動きの測定機能に加えて、「どうすれば周りの人を
もっと幸せにできるのか」を支援する機能も入っています。

　すごく簡単な仕組みで、朝になると「今日はどんなことに挑戦し
ますか？」とアプリが質問してくれるのです。

　その日挑戦することは、アプリ内の挑戦項目から選んでも、自分
で考えて入力しても構いません。１日３時間だけスマホを身に着け
ると、「特定のチャレンジを選んだ数日前より、周りの人を幸せに
しているか」を評価してくれます。

そして、このアプリ上で効果が高いとされている挑戦項目は「会話にユーモアを取り入れる」や「学びの場を楽しむ」。これぐらいの些細な取り組みなんです。このような、明日からできる簡単な取り組みの結果、自然と他者に貢献でき、幸せになる第一歩を踏み出せるんです。

　幸せになるには、周りの人を幸せにするような小さな行動習慣を意識すること。そして近くの仲間をハピネスの輪に巻き込み、そのムーブメントを社内、会社の外へと広げていけば幸せは着実に伝播します。この記事が、組織の好循環を生む一つのヒントになれば幸いです。

　何と面白く斬新な研究であることか。ぜひ「利他の行動」と「社会脳」との研究も進めて、その数値化を実現してほしいものである。

　ところでコロナ禍の真っ只中、教わる教訓も多い。例えば、コロナ予防のために私たちが出来る行動の１つ、マスクをする。マスクの実効性はさておき、自分を守ると同時に相手に移さないという、相手を思いやる最低限のマナー“利他の行動”である。日本のコロナ禍が低く抑えられたのは、色々の要因があると思うが、他国に比べてこの“思いやりの精神”が強かったのではないだろうか。またコロナ禍は、生活の仕方や働き方などに大きな影響を及ぼした。悪しき影響もあるが、取り入れるべき変革のヒントも数多い。テレワーク、リモート会議、オンライン授業など、職場のあり方、教育現場、人の生き方などなど。そして当然、政治の在り方も考えるべきである。選挙やデモ、陳情など、政治との係わり方を変革したい。

インターネットなど、オンラインの特徴を最大限に生かして、人々の意見や要望の収集や集約、そしてそれによる世論形成など、世界数十億人の巨大言論ネットワークを形成して実現する。そしてネット民による「ネット国会」や「ネット国連」を通して、人間目線で正しく成案化し、「リアル国会」や「リアル国連」に提言していく。

　「ペンは剣より強し」流に言うなら「キーは銃より強し」である。何しろ、この運動は銃を持つ人をも変えていく運動である。

　実は私もネットで大いに助けられた。ライフワークで電子書籍を書いて出版している。２作目に『ストップ　ザ　台風』というのがある。昨年の台風１９号の甚大な被害をみて、本のサブタイトルである“防災から断災へ”のキャンペーンを始めた。本の告知も兼ね、キャンペーンの内容を各方面にメールで送信した。３日間で全国４７都道府県の知事・防災担当部署、内閣府・国土交通省・気象庁、ＪＯＣ、国立研究開発法人「科学技術振興機構」（ＪＳＴ）、ＮＨＫ・読売新聞・産経新聞の各報道機関、さらに国連防災機構（ＵＮＤＲＲ）へ　。その間、通信代などの経費が一切かからず、そのコスパのよさに感激。ＰＣさえあれば世界と繋がることを実感する。

　ある哲人は『緑の地球を守る世界市民に』という詩を詠んでいる。

　地球では、生きものの誕生は４０億年前という。それ以来、連綿と、命が命を育み、命が命を支えて、私たちを生んだのだ。この“生命の輪”が、一つでも欠けていたら、あなたは今、ここにいない。

自然を壊すのは、人間を壊すことになる。なぜなら自然は、人類の「ふるさと」だからだ。あらゆる生命も人類も、大自然の中から誕生した。自然という環境の中から誕生したものである。自然を愛する人は、人を清らかに愛せる。平和を大切にする。損得の計算の世界を超越した、情緒豊かな人生である。戦争やテロは、人間への暴力である。環境の破壊は、自然への暴力である。それぞれ別の問題ではない。根は一つである。その根とは、人間、そして人間を支える自然・環境、全ての生命の尊厳の軽視である。その根本を正さなくてはならない。人間がそこにいる限り、同じ地球に生を営む仲間がそこにいる限り、全てのことに断じて無縁ではないのだ。私はそうやって、国家や体制の壁や価値観の違いを超え、信仰を持っている、いないにかかわらず、地球民族として友情を結び、世界市民の信頼を広げてきた。今こそ"母なる地球"を、生命尊厳と人間尊厳という精神の宝で、いやまして輝かせていきたい。

　すでに「ホモ・サピエンス」の脳の進化は止まったように思う。これ以上大きくなって宇宙人のような頭でっかちになっても困る。これからは中身の「こころ」という精神面の進化に向かうべきで、「こころ」も宇宙のように広く未踏の世界である。まずは"利他の行動"をテーマに取り組みたい。これに挑戦する人々を新しい人類"プラエ・ディクトル"と呼ぶことにする。"プラエ・ディクトル"とはラテン語で『未来を知る者』という意味。人類絶滅を防ぐカギである「自己変革に挑戦する運動」を『明るい未来』（クララ　フトゥールム）、略称「クラフト」、愛称「クララ」運動と呼ぶ。「クララ」とは「明るい」、「フトゥールム」とは「未来」という意味で、

「クラフト」はまたあの「手芸品」のクラフトにも通じる。まさに
この運動は手作りのボランティア運動となる。運動に参加する者
は新人類「プラエ・ディクトル」として認定され、登録される。参
加資格はこの運動に賛同する人すべて、決まりはただ１つ、日常的
な"利他行動による自分磨き"の実践である。特に会則も会費も報
酬もない。

　かくして人類は今まで見たことのない"明るい未来"の実現へと
スタートした。２０２０年(令和２年)が記念すべき起源となった
のである。

（おわり）

用語解説

＊1「犬歯の縮小」＝２００２年、アフリカ中央部のチャドで最古の人類化石が発見された。この化石は６００〜７００万年前の地層から発掘された。ちょうど人類がチンパンジーとの共通祖先（類人猿）から枝分かれした時期にあたる。「トゥーマイ」という愛称で呼ばれ、現地語で「生命の希望」を意味する。この化石がなぜ最古の人類化石と言えるかというと、チンパンジーなどに認められない「犬歯の縮小」が明瞭に認められる最も古い化石だからである。

＊2「猿人」＝約４５０ｍｌと現代人の３分の１程度の小さな脳、前方へ突き出した顎、身長１．１〜１．５ｍ程度の小さな体および、腕が長く脚が短い体型など、全体的にチンパンジーとの共通点が多い。さらに現生の大型類人猿と似て、オスがメスよりもかなり大きい。しかし猿人は、ある程度の木登りをしたと考えられるが、他の霊長類とは決定的に異なり、２本足で直立して歩いていた。この特徴に関連する骨格形態や、他の細かな歯や頭骨の形態が、猿人と類人猿の化石を区別する材料となっている。約２６０万年前以降の地層からは石器が出土しており、最末期の猿人が石器製作をしていた可能性がある。それ以前の猿人の道具使用に関しては直接の証拠がないが、現生のチンパンジーが単純ながら道具を製作、使用することから、木などを利用していた可能性が高い。

＊3「石器」＝最も古いものは、約２５０万年前のものでエチオピアのハダールから発見されている。また、ケニアのツルカナ湖の西部で約２３０万年前の石器が見つかっている。約１５０万年前まで、この形のものが使われていた。

＊4「打製石器」＝人類の最も古い道具の一つと考えられ、アウストラロピテ

クスが使っていたとする説もある。旧石器時代に分類される。ウストラロ
ピテクスとは、アフリカで生まれた最初期の人類とされ、約５４０万～約
１５０万年前に存在したと考えられている、いわゆる華奢型の猿人であ
る。

＊５ 「腐肉漁り」＝動物の死体（動物遺体）を主な食物とする食性。（スカナ
ベンジャー説）

＊６ 「土踏まず」＝アウストラロピテクス類のうち、アファール猿人と思われ
る足跡がタンザニアで発見された。この足跡から、アファール猿人は土踏
まずがあり、親指が大きく、他の指と同じように前を向いていたことが明
らかになった。すなわち、アファール猿人は明らかに現代人と同じ足の構
造を持っており、直立２足歩行をしていたことがわかった。

＊７ 「原人」＝現生のヒトの系統であるホモ属として原人が出現したのは約２
００万年前と考えられる。原人は現代人と体躯が同じ大きさにまで発達
した。また、脳容積が増えたために、未熟なまま子供を出産し、出産後も
脳が発達するという２次的晩熟性を示した。さらに、石器を使うことが特
徴として挙げられる。原人には、ジャワ島で発見されたジャワ原人（直立
猿人＝ピテカントロプス・エレクトス）や、北京原人（火を使用し、言語
も使っていたらしい＝シナントロプス・ペキネンシス）、ヨーロッパのハ
イデルベルク人などがいる。

＊８ 「マジックテープ」＝スイスのジョルジュ・デ・メストラルが自分の服や
愛犬に張り付いた野生ゴボウ（ひっつき虫）の実にヒントを得て、１９４
８年に研究を開始し、数年後に発明したとされる。セレンディピティ（偶
察力）による発明である。

＊９「火が灯った」＝火を使った痕跡として発見されている最古のものは、南アフリカ・スワルシクランス洞窟の１５０万年前、東アフリカのケニア・チェソワンジャ遺跡の１４０万年前、イスラエルのゲシャー・ベノット・ヤーコブ炉跡といったものがある。この時代の人類はホモ・エレクトスといわれている。また北京原人の発見地では、非常に厚い灰の層が発見されており、火を絶やさぬように燃やし続けたためではないかとの説もある。

＊１０「アトラトル」＝マンモスの分厚い皮膚と肉を貫き、背骨まで槍が突き刺さった化石が発見されている。このアトラトルは、日本列島にも後期旧石器時代に存在した可能性があるが、出土品がなく確証は得られていない。

＊１１「肺気腫」＝昔は鉱山など、有害な粉じんに長時間さらされる職業についている人に多く見られたが、今は喫煙によって起こっている。煙草の煙にはニコチン、種々の発がん物質、一酸化炭素、そのほか多種類の有害物質が含まれている。循環器系、呼吸器系に影響が見られ、肺がん、虚血性心疾患、慢性気管支炎などの原因にもなる。

＊１２「旧人」＝旧人と呼ばれるネアンデルタール人の化石は、ヨーロッパと中東で発見されている。旧石器時代中期のムステリアン文化の担い手で、石器製作技術が進歩し、狩猟技術に長じ、埋葬の風習など呪術や宗教心の芽生えがみられる。住居は旧石器時代の平地住居で、何本かの柱を立て、周囲を獣皮などで覆っていたと思われる。

＊１３「同系交配」＝近親交配ともいい、隔離された小さな集団の中で交配を繰り返すと、世代を重ねるごとに遺伝的な異変がランダムに取り除かれていく「遺伝的浮動」という力が働く。この力は、集団が小さいほど強くなる。遺伝的な多様性が失われると、環境の変化に対応する力を失い、隠

れていた有害な遺伝子が働いて繁殖や成長に悪い影響を及ぼし、絶滅の
危険性を高めてしまう。

＊１４「トラウマ」＝蛇にさんざん悩まされたという「トラウマ」については、
カリフォルニア大学デイビス校の人類学者リンヌ・イスベル教授が、新し
い仮説を「ヒューマン・エボリューション」誌の７月号で発表している。
その研究は、当時私達の先祖にとって、最も深刻な脅威になっていたのが
ヘビで、忍び寄って来るヘビから身をかわそうとする霊長類と、ヘビとの
間で「進化上の軍拡競争」が発生し、結果として霊長類の視覚システムが
高度に進化したのだ、というものである。

＊１５「新人」＝現生人類のこと。ホモ・サピエンスともいう。分類学上は、
哺乳類・霊長目・ヒト種。約２０万～１５万年前に、アフリカ大陸で旧人
から進化し、世界中に生活圏を拡げた。

＊１６「人間の年齢に換算」＝人間の年齢に換算するには２つある。１つは人
間の平均寿命を動物の平均寿命に割り当てて計算すること。これでいく
と、人間の何倍ものスピードで老いていくことになる。もう１つは繁殖可
能年齢を基準にする方法である。

＊１７「ネアンデルタール人」＝約２０万年前に出現し、２万数千年前に絶滅
したヒト属の１種である。我々現生人類であるホモ・サピエンスの最も近
い近縁類とされる。ヨーロッパを中心に西アジアから中央アジアにまで
分布しており、旧石器時代の石器の作製技術を有し、火を積極的に使用し
ていた。男の身長は１６５～１７０ｃｍほどで、体重は８０ｋｇ以上と推
定されている。骨格は非常に頑丈で、骨格筋も発達していた。喉の奥が短
いため、分節言語を発声する能力が低かったと考えられる。近年、ネアン
デルタール人の化石から初めてＤＮＡが抽出されて、その塩基配列を調

べた結果、日本人とネアンデルタール人が交配していたことが明らかになった。同じアジアでも、中国人や韓半島人には見られない。

＊18「黒曜石」＝外見は黒く（茶色、また半透明の場合もある）、ガラスとよく似た性質を持ち、割ると非常に鋭い破断面を示すことから、先史時代（文字の記録がない時代）より世界各地でナイフや鏃、槍の穂先などの石器として長く使用された。

＊19「塩」＝雑学であるが、塩を意味する英語ソルト（ｓａｌｔ）は、ラテン語で塩を意味するサル（ｓａｌ）からきていて、この言葉は「サラダ」や「サラミ」、果ては給料を意味する「サラリー」の語源ともなった。

＊20「氷河期」＝地球の気候が長期にわたって寒冷化する期間で、極地の氷床や山地の氷河群が拡大する時代である。氷河時代とも呼ばれる。過去数百万年に関して言えば、氷河期という言葉は一般的に、北アメリカとヨーロッパ大陸に氷床が拡大した寒冷期について用いられる（アジア地域は氷床が発達せず、寒冷な地帯であったらしい）。この意味でいえば、最後の氷河期は約１万年前に終了したということになる。この「約１万年前に終了したという出来事」を、文献によっては「最後の氷河期」と記載していることもあるが、科学者の多くは氷河期が終わったのではなく、氷河期の寒い時期「氷期」が終わったとし、現在を氷期と氷期の間の「間氷期」と考えている。そのため、最終氷期終了から現在までの期間を「後氷期」と呼ぶこともある。

＊21「コプラ」＝ココヤシの果実胚乳を乾燥したもの。灰白色で約４０~６５％の良質脂肪分を含む。圧搾したコプラ油（ヤシ油）は、マーガリンなどの加工食品の原料油脂になるほか、生体への攻撃性の少なさから石鹸、ロウソクなどの日用的な工業製品の原料となる。コプラ油の搾りかすは

有機肥料、家畜飼料となる。飼料の利用には、フレーク（コプラフレーク）に加工して用いられる。ビタミン類や油脂類に富むことから、日本では飼育を行うブランド牛の飼料として定評がある。

＊２２「梁漁（やなりょう）」＝川に竹を並べた大きな簾をかけ、ここに落ちる水をこして、簾の上に残る魚を捕らえ漁法のこと。

＊２３「クロマニョン人」＝ヨーロッパに約４万年前以降に住んでいた新人の通称で、現代の欧州人の直接の祖先と考えられる。主に西南ヨーロッパに住み、洞窟壁画を残し、弓矢を発明している。頭や体の構造はやや丈夫であるが、本質的に現代欧州人と変わらない。男性の身長は１７５ｃｍほど、体重は７０ｋｇほどと推定される。

＊２４「環濠」＝集落の周囲にめぐらされた濠のことで、弥生時代の遺跡から発見されるものは防御的なもので、濠の断面はＶ字形か台形である。日本では佐賀県の吉野ヶ里遺跡の環濠集落が最大規模である。

＊２５「フリント」＝細かい結晶が塊状になった石英の一種。灰白色で、石灰岩の中に塊となって見つかることが多い。クロマニョン人は、フリントの欠片を斧や鏃、ナイフなど武器や切断用の道具、火打石として用いた。彼等の住居は食料とこのフリントを求めて移動したようである。

＊２６「末期（洪積世）」＝ウルム氷期の最盛期である１万８千年前で、現在より７℃程度低かった。氷河期においても川は流れていた。日本列島で氷河の跡は高山にしか残っていない。ただ、現在より海面が１００ｍほど低かったので、日本列島は大陸と陸続きであり、河口は現在よりずっと沖合にあった。

＊27「更科 功」＝東京大学院理学系研究科理学博士・分子古生物学者「進化の法則」で新型コロナウイルスが弱毒化する可能性、過去には1〜2年で弱毒化した例なども研究。

＊28「ダモクレスの剣」＝ギリシア神話。 全シケリアの王ディオニュシオス2世に臣下として仕える若きダモクレスは、ある日、王の権力と栄光を羨み、追従の言葉を述べた。すると後日、王は贅を尽くした饗宴にダモクレスを招待し、自身がいつも座っている玉座に腰掛けてみるよう勧めた。それを受けてダモクレスが玉座に座ってみたところ、ふと見上げた頭上に己を狙っているかのように吊るされている 1 本の剣のあることに気付く。剣は天井から今にも切れそうな頼りなく細い糸で吊るされている。ダモクレスは慌ててその場から逃げ出す。ディオニュシオスは、ダモクレスが羨む王という立場がいかに命の危険を伴うものであるかをこのような譬えで示し、ダモクレスも理解した。

＊29「ホセ・アルベルト・ムヒカ・コルダーノ大統領」＝ウルグアイの第40代大統領を務めた。月1000ドル強で生活し、その質素な暮らしから「世界で最も貧しい大統領」として知られ、哲人としても名高い。

＊30「民度」＝辞書などを見ると民度の明確な定義はない。明治5（1872）年の政府議事録の文言に民度という言葉が記載されており、古くから使われている経済や貧富の度合いを示す言葉と解釈されている。

参考図書・資料

○『森の詩』平成２０年５月３１日大分市広報テレビ放送「緑がいっぱい！」

○『ワンダーワールド１７９４・大昔の人類と動物』（ＴＢＳブリタニカ）

○フジテレビ「ザ・ベストハウス１２３」で、「セレンディピティ物語」紹介

○『人は見た目が９割』（竹内一郎著・新潮新書）

○日本テレビ『生命の謎を探る旅スペ〜ここまで解った長生きの秘密と真実〜』

○『精神分析入門』（心理学者　ジークムント・フロイト著）

○ウォルト・ホイットマンの詩

○ＮＨＫ総合テレビ「ヒーロー列伝」（佐野元春）

○『森と人の地球史・森と人の織りなす悠久の叙事詩』（中村忠之著）

○『ビームベートカの原始岩絵』、『旧石器時代人タサダイ族』、『直立二足歩行と言語・人類進化の最大要因』

○米科学アカデミー紀要（ＰＮＡＳ）研究論文

○『絶滅の人類史』（更科功著・ＮＨＫ出版新書）

○フジテレビ「Ｍｒ.サンデー拡大スペシャル」で「世界で熱狂なぜ？ "世界一貧しい大統領"日本人への感動の言葉」

○国際コンサルティング会社（レピュテーション・インスティテュート 社）国別好感度評価ランキング調査

○『緑の地球を守る世界市民に』（詩人、哲学者　山本伸一著）

【著者紹介】

高村昌宏（たかむら・まさひろ）

1942年生まれ、北海道出身、神奈川県在住。
大阪工業大学工学部第1部電子工学科卒業。
中萬学院で理数科教師を務める。
都筑ふるさと事業団、全国道の駅ツアークラブ、都筑ものかきクラブを各主宰。
主な作品に「道の歌旅烏譚　全21巻」（都筑ものかきクラブ刊'03〜'07）
「道の駅津々浦々くるま旅（1）」（都筑ものかきクラブ刊'07）

電子書籍
「ストップ・ザ・悪」「ストップ・ザ・台風」「全国道の駅・ぶらり旅」
（22世紀アート）など。

起の起源

人類進化の"はじまり"物語

2023年4月30日発行	著 者	高村昌宏
	発行者	向田翔一

発行所　　株式会社 22 世紀アート
　　　　　〒103-0007
　　　　　東京都中央区日本橋浜町 3-23-1-5F
　　　　　電話　03-5941-9774
　　　　　Email: info@22art.net　ホームページ：www.22art.net

発売元　　株式会社日興企画
　　　　　〒104-0032
　　　　　東京都中央区八丁堀 4-11-10 第 2SS ビル 6F
　　　　　電話　03-6262-8127
　　　　　Email: support@nikko-kikaku.com
　　　　　ホームページ：https://nikko-kikaku.com/

印刷
製本　　　株式会社 PUBFUN